Zur Berechnung
des beiderseits eingemauerten Trägers
unter besonderer Berücksichtigung
der Längskraft

Von

Fukuhei Takabeya

japanischer a. o. Professor und Dr.-Ing.
an der Kaiserl. Kyushu-Universität, Japan

Mit 28 Textabbildungen
und 2 Formeltafeln

Berlin
Verlag von Julius Springer
1924

Softcover reprint of the hardcover 1st edition 1924

ISBN-13: 978-3-642-47303-6   e-ISBN-13: 978-3-642-47748-5
DOI: 10.1007/978-3-642-47748-5

Vorwort.

Als mich die Japanische Regierung zur Vollendung meiner Studien in den Ingenieurwissenschaften, besonders auf dem Gebiete der Festigkeitslehre, nach Deutschland schickte, faßte ich den Entschluß, meine in Japan begonnene Arbeit über den beiderseits eingemauerten Balken als Resultat meines Aufenthaltes in Deutschland in Buchform erscheinen zu lassen.

Den Anlaß zu diesem Thema gab mir die Arbeit meines hochverehrten Lehrers und Landsmannes Dr. K. Hayashi, der in einem Kapitel des Trägers auf elastischer Unterlage kurz auf dieses Problem aufmerksam macht.

In den bekannten Lehrbüchern der Statik findet man meist die Untersuchung des beiderseits eingespannten Trägers, wobei stillschweigend feste Einspannung vorausgesetzt wird. Bei einer solchen Befestigungsart müssen infolge der Durchbiegung des Trägers Längskräfte entstehen; diese werden jedoch bei statischen Berechnungen gewöhnlich nicht berücksichtigt. Da aber unserer Ansicht nach in der Praxis feste Einspannungen wegen der Nachgiebigkeit des Einmauerungsmaterials kaum denkbar sind, so treten neben den Längskräften auch Drehmomente auf. Bei einer exakten Untersuchung dürfen diese Kräfte nicht außer acht gelassen werden, da sie unter Umständen einen erheblichen Wert annehmen können.

Im folgenden ist eine Lösung dieser Aufgabe mit Hilfe der Elastizitätstheorie versucht. Erschöpfend ist aber die Aufgabe nicht gelöst; vorerst ist die Untersuchung auf einen Spezialfall beschränkt, nämlich auf den, daß der Träger durch eine Einzellast in der Mitte belastet ist; nur kurz ist der Fall behandelt, daß auf dem Träger eine gleichmäßig über die Spannweite verteilte Last ruht.

Zum Schluß sei es mir gestattet, auch an dieser Stelle meinen besonderen Dank Herrn S. Senga auszusprechen, der meine wissenschaftlichen Bestrebungen stets förderte, sowie Herrn Dr. K. Hayashi, durch dessen freundliche Winke, namentlich in den Bemerkungen zum fünften Kapitel, mir die Herausgabe dieser Arbeit bedeutend erleichtert wurde.

Habe ich mit meiner Arbeit einen kleinen Beitrag zu dem schwierigen Problem über die Einspannung geliefert und vielleicht einige meiner Fachgenossen zu weiteren Untersuchungen angeregt, so erfüllt das Büchlein vollkommen seinen Zweck.

Berlin-Friedenau, im Sommer 1923.

F. Takabeya.

Inhaltsverzeichnis.

Einleitung.

Bei der statischen Untersuchung eines eingemauerten Trägers setzt man ein vollkommen unnachgiebiges Einmauerungsmaterial voraus; die elastische Linie des Trägers besitzt danach an der Einmauerungsstelle eine unveränderliche Tangente.

Die Längskraft, durch die der Träger unter Umständen beansprucht werden kann, wird dabei gewöhnlich vollständig vernachlässigt. Es ist also unter einem eingemauerten Träger etwa ein solcher von der in Abb. 1 angedeuteten Konstruktion zu verstehen, bei der eines der Träger-enden in wagerechter Richtung

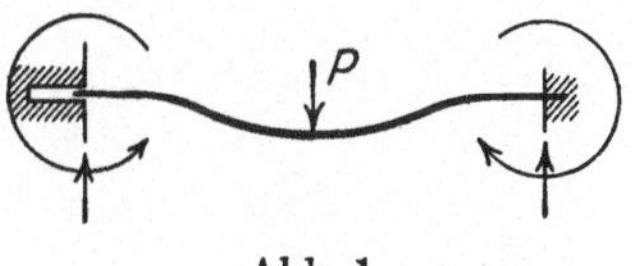

Abb. 1.

verschiebbar ist. Dieses Trägerende möge als „verschiebbar eingemauert" bezeichnet werden.

In der Praxis kommt bei derartigen Trägern gewöhnlich keine wagerechte Verschiebung in Frage, man sucht sogar eine solche durch konstruktive Ausbildung zu vermeiden. Erfährt der Träger durch lotrechte Belastung eine Durchbiegung, so existiert keine Nullinie im Träger, deren Länge nach der Form-änderung unveränderlich bleibt. Der Träger wird also gleich-zeitig mit dem Biegungsmoment auch noch durch eine Längs-kraft beansprucht. Sie ist, wie einige Untersuchungen[1] darüber zeigen, eine Zugkraft, die in der Regel auf die Beanspruchung des Trägers eine günstige Wirkung ausübt, indem sie eine Ver-minderung des Feldmomentes hervorruft.

Die statische Untersuchung des Trägers unter dieser Be-dingung ist also eine in der Technik ziemlich häufig vor-

---

[1] Bleich, F.: Die Theorie der nachgiebigen Tragsysteme. Der Eisen-bau. 1916, S. 185. Hayashi, K.: Theorie des Trägers auf elastischer Unterlage, Berlin 1921, S. 197.

kommende Aufgabe; trotzdem scheint diese Frage bisher in der Literatur noch nicht behandelt worden zu sein. Im folgenden soll versucht werden, mit Hilfe der Elastizitätstheorie eine Lösung dieser Aufgabe zu finden; und zwar wollen wir, von der Voraussetzung gewisser Verschiebungen des Trägers an der Einmauerungsstelle ausgehend, den wirklich herrschenden Gleichgewichtszustand, unter dem die Längskraft zur Wirkung gelangt, bestimmen.

I. Entwicklung der allgemeinen Gleichungen.

§ 1. Vorbemerkungen.

Um die allgemeine Gleichung zu entwickeln, beginnen wir mit der Untersuchung eines frei aufliegenden Trägers.

Der gerade Träger AB sei an beiden Enden unterstützt (Abb. 2). Eine der Stützen, z. B. die bei A sei wagerecht verschiebbar; eine derartige wagerechte Verschiebung wird in der Festigkeitslehre gewöhnlich nicht berücksichtigt, wenigstens nicht solange es sich um einen geraden Träger handelt. Doch wollen wir hierauf hindeuten, denn es wird die wagerechte Verschiebung

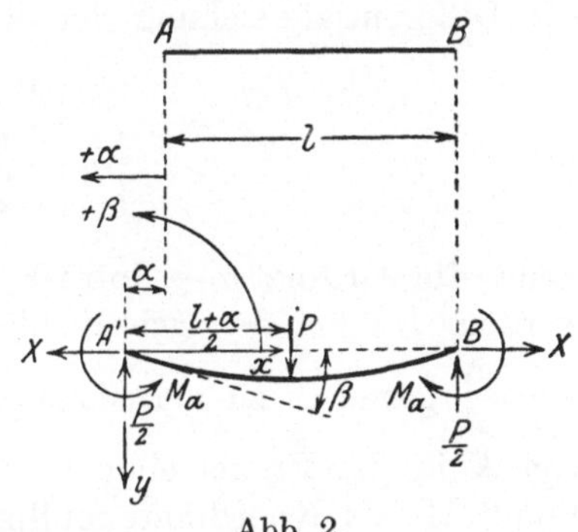

Abb. 2.

des Stützpunktes A wegen der elastischen Formänderung in der Folge eine wichtige Rolle spielen.

Als äußere Kräfte seien eine Einzellast P in der Mitte, eine wagerechte Kraft X am Ende A und ein Moment M_a an derselben Stelle angenommen. Der Träger nehme infolge dieser Kräfte die neue, in Abb. 2 dargestellte Gleichgewichtsform $A'B$ an; das Ende B bleibt dabei unbeweglich.

Es werde am linken Ende X nach links, M_a gegen den Sinn des Uhrzeigers positiv gerechnet. Die wagerechte Verschiebung α sowie die Verdrehung β des Trägerendes A soll in der positiven Richtung von bzw. X, M_a positiv gerechnet werden.

1*

§ 2. Gleichung der elastischen Linie.

Erfährt ein Stabquerschnitt eine Biegung durch ein Moment M, und nimmt die ursprünglich gerade Stabachse eine krumme Linie mit dem Krümmungshalbmesser ϱ an, so gilt die bekannte Formel

$$\varrho = \frac{EJ}{M}.$$

Kommt eine Beanspruchung durch die Zugkraft N hinzu, so bleibt diese Grundgleichung bestehen, nur ist statt des Elastizitätsmaßes E der Wert

$$(1) \qquad K = E + \sigma_z = E + \frac{N}{F}$$

einzuführen[1]). F bedeutet die Querschnittsfläche des Stabes. Die Differentialgleichung der elastischen Linie lautet daher

$$\frac{d^2 y}{d x^2} = - \frac{M}{\left[E + \dfrac{N}{F} \right] J} = - \frac{M}{KJ},$$

wenn die Ordinaten y lotrecht nach unten positiv gerechnet werden. Da bei den gebräuchlichen Spannungswerten der Wert $\sigma_z = \dfrac{N}{F}$ gegen E zu vernachlässigen ist, so darf man an Stelle von K in der Praxis ohne weiteres E setzen. Wählt man den Punkt A' als Koordinatennullpunkt, so ist

$$(2) \qquad M = \frac{P}{2} x - M_a - Xy.$$

Somit nimmt unsere Differentialgleichung die lineare Form

$$\frac{d^2 y}{d x^2} - \frac{X}{KJ} y + \frac{1}{KJ} \left[\frac{P}{2} x - M_a \right] = 0$$

an. Im allgemeinen ist σ_z und somit die Größe K mit X veränderlich. Da aber im vorliegenden Fall eine geringe Durchbiegung in Frage kommt, so setzen wir die Längskraft N und daher auch σ_z über die ganze Trägerlänge als gleichbleibend

---

[1]) Tolle, M.: Die steife Kettenlinie. Z. V. d. I. 1897, S. 855—856.

voraus. Die Koeffizienten der Gleichung sind mithin konstant, und das allgemeine Integral lautet:

$$(3) \quad \begin{cases} y = C_1 \, e^{\frac{2\,\omega x}{l+a}} + C_2 \, e^{-\frac{2\,\omega x}{l+a}} + \frac{P}{2\,X}\,x - \frac{M_a}{X}, \\[2ex] \text{wobei} \\[2ex] \omega = \frac{l+\alpha}{2}\,\sqrt{\frac{X}{K\,J}}. \end{cases}$$

Die Größe ω ist eine reelle oder imaginäre natürliche Zahl, je nachdem X positiv oder negativ ist.

Die zwei Integrationsfestwerte C_1, C_2 lassen sich folgendermaßen bestimmen: da am Ende A', also für $x = 0$ y verschwinden muß, ist

$$M_a = X\,[C_1 + C_2].$$

Der Symmetrie wegen muß für $x = \dfrac{l+\alpha}{2}$ $\dfrac{d\,y}{d\,x} = 0$ sein; dies liefert

$$C_1 \, e^{\omega} - C_2 \, e^{-\omega} + \frac{P\,(l+\alpha)}{4\,\omega\,X} = 0.$$

Aus diesen zwei Gleichungen erhält man:

$$C_1 = \frac{1}{2\,X\,\mathfrak{Cof}\,\omega}\left[M_a\,(\mathfrak{Cof}\,\omega - \mathfrak{Sin}\,\omega) - \frac{P\,(l+\alpha)}{4\,\omega}\right],$$

$$C_2 = \frac{1}{2\,X\,\mathfrak{Cof}\,\omega}\left[M_a\,(\mathfrak{Cof}\,\omega + \mathfrak{Sin}\,\omega) + \frac{P\,(l+\alpha)}{4\,\omega}\right].$$

Es folgt:

$$(4) \quad \begin{cases} y = \dfrac{P\,(l+\alpha)}{4\,\omega\,X\,\mathfrak{Cof}\,\omega}\left[\dfrac{2\,\omega x}{l+\alpha}\,\mathfrak{Cof}\,\omega - \mathfrak{Sin}\left(\dfrac{2\,x\,\omega}{l+\alpha}\right)\right] \\[3ex] \quad + \dfrac{M_a}{X\,\mathfrak{Cof}\,\omega}\left[\mathfrak{Cof}\left(\dfrac{2\,x}{l+\alpha} - 1\right)\omega - \mathfrak{Cof}\,\omega\right]. \end{cases}$$

Die zweite Ableitung der Funktion lautet:

$$\frac{d^2 y}{d\,x^2} = \frac{M_a}{K\,J}\,\frac{\mathfrak{Cof}\left(\dfrac{2\,x}{l+\alpha} - 1\right)\omega}{\mathfrak{Cof}\,\omega} - \frac{P\,\omega}{X\,(l+\alpha)}\,\frac{\mathfrak{Sin}\left(\dfrac{2\,x\,\omega}{l+\alpha}\right)}{\mathfrak{Cof}\,\omega}.$$

In bezug auf die ursprüngliche Differentialgleichung erhält man somit

$$(5) \quad M = \frac{P(l+\alpha)\,\mathfrak{Sin}\left(\dfrac{2\,x\,\omega}{l+\alpha}\right)}{4\,\omega\,\mathfrak{Cof}\,\omega} - \frac{M_a\,\mathfrak{Cof}\left(\dfrac{2\,x}{l+\alpha}-1\right)\omega}{\mathfrak{Cof}\,\omega}.$$

§ 3. Beziehungen zwischen den äußeren Kräften P, X, M_a und den Verschiebungen α, β.

Die Verschiebungen α, β rühren von der elastischen Beschaffenheit des Trägers her. Sie können also durch die Anwendung des Prinzips der virtuellen Verrückungen festgestellt werden. Das Prinzip bezieht sich auf eine unendlich kleine Verrückung des Körpers. Wir setzen aber voraus, daß das Prinzip noch auf unsere Aufgabe anwendbar ist, da die Verrückungen α, β im Vergleich zu den Abmessungen des Trägers als kleine Größen aufgefaßt werden können. Es gelten dann zwischen α, β und den äußeren Kräften die bekannten Arbeitsgleichungen von der Form

$$(6)^1) \quad \begin{cases} 2\displaystyle\int_0^{\frac{l+\alpha}{2}}\left[\dfrac{M\,M_1}{K\,J} + \dfrac{N\,N_1}{K\,F}\right]dx = \alpha, \\[2em] \displaystyle\int_0^{\frac{l+\alpha}{2}}\left[\dfrac{M\,M_2}{K\,J} + \dfrac{N\,N_2}{K\,F}\right]dx = \beta. \end{cases}$$

P, X, M_a stecken in M, N. Die virtuellen Größen M_1, N_1 und M_2, N_2 sind aus den in Abb. 3a, 3b angegebenen Belastungszuständen zu ersehen.

Wir befinden uns jetzt vor der großen Schwierigkeit, welche Trägerform wir für die virtuellen Belastungen annehmen sollen.

Bei der statischen Berechnung von statisch unbestimmten Konstruktionen, wie Rahmen, Gewölben, die man mit Hilfe der

---

¹) Gl. (6a) s. S. 13.

Arbeitsgleichungen auszuführen pflegt, nimmt man für virtuelle Belastungen einen bestimmten Hauptträger an. Diesen denkt man sich in der Regel unabhängig von den äußeren Kräften also unabhängig von der Form der Konstruktion nach der

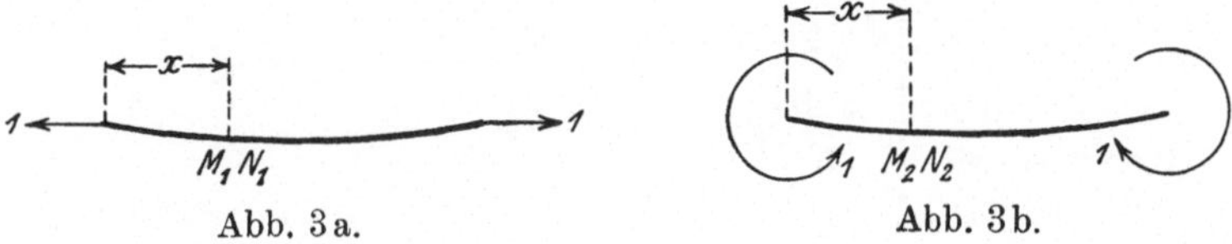

Abb. 3a.   Abb. 3b.

Deformation. Im vorliegenden Fall aber bedingt die eingetretene Durchbiegung des Trägers die Wirkung der äußeren Kraft X wesentlich oder unter Umständen gar ausschließlich. Würde man daher als Trägerform für virtuelle Belastungen entweder die ursprüngliche, gerade oder die deformierte, wenig gekrümmte annehmen, so würde man erkennen, daß die resultierenden virtuellen Größen in beiden Fällen nicht völlig übereinstimmen.

Bei der letzteren Annahme beträgt $M_1 = y$, während es bei der ersteren verschwindet.

Damit wir dennoch die angegebenen Arbeitsgleichungen in Anwendung bringen können, wollen wir uns in der Folge eine praktische Annäherung gestatten: Wir stellen uns für die virtuellen Belastungen einen von vornherein gekrümmten Träger vor, dessen Achse als mittlere der soeben erwähnten zwei Trägerformen entstanden sein möge; seine Spannweite

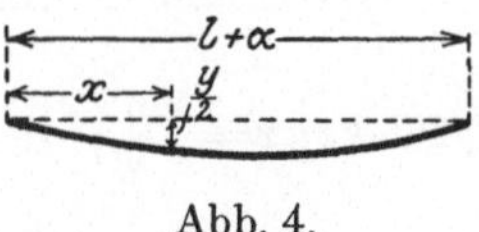

Abb. 4.

sei $l + \alpha$, die Ordinaten seien halb so groß wie die wirklich auftretenden Durchbiegungen des in Rede stehenden Trägers (Abb. 4).

Von der Zulässigkeit unserer Annahme wenigstens für praktische Zwecke werden wir uns in § 5 überzeugen.

Es ist nun

$$(7) \qquad \begin{cases} M_1 = -\dfrac{y}{2}, & N_1 = 1, \\[2mm] M_2 = -1, & N_2 = 0. \end{cases}$$

Da $N = X$, nimmt Gl. (6) die Gestalt

$$\begin{cases} \displaystyle\int_0^{\frac{l+\alpha}{2}} \left[\frac{M}{KJ}y - \frac{2X}{KF}\right] dx = -\alpha \\[2em] \displaystyle\int_0^{\frac{l+\alpha}{2}} \frac{M}{KJ}\, dx \qquad\quad = -\beta \end{cases}$$

an.

Führt man den Ausdruck für M aus Gl. (5) ein und wertet die Integrale aus[1]), so hat man

$$(8)\quad\begin{cases} \dfrac{P^2}{16\,X^2\,\operatorname{Cos}^2\omega}\left[\dfrac{3\,\operatorname{Sin}2\omega}{2\omega} - 2 - \operatorname{Cos}2\omega\right] \\[1.5em] \quad + \dfrac{P M_a}{X^2(l+\alpha)\,\operatorname{Cos}\omega}\left[\operatorname{Cos}\omega - 1 - \dfrac{\omega}{2}\operatorname{Tg}\omega\right] \\[1.5em] \quad + \dfrac{M_a{}^2\left[1 - \dfrac{\operatorname{Sin}2\omega}{2\omega}\right]}{4\,X K J\,\operatorname{Cos}^2\omega} + \dfrac{X}{KF} - \dfrac{\alpha}{l+\alpha} = 0 \\[2em] M_a = \dfrac{2\omega K J}{(l+\alpha)\operatorname{Tg}\omega}\left[\beta + \dfrac{P}{2X}\operatorname{Tg}\dfrac{\omega}{2}\operatorname{Tg}\omega\right]. \end{cases}$$

---

[1]) Wir erinnern hierbei an die Formeln:

$$\int \operatorname{Sin}kx\,dx = \frac{\operatorname{Cos}kx}{k} + C \qquad \int \operatorname{Cos}k\left(x - \frac{l}{2}\right)dx = \frac{\operatorname{Sin}k\left(x - \frac{l}{2}\right)}{k} + C$$

$$\int \operatorname{Sin}^2 kx\,dx = \frac{\operatorname{Sin}2kx}{4k} - \frac{x}{2} + C$$

$$\int \operatorname{Cos}^2 k\left(x - \frac{l}{2}\right)dx = \frac{\operatorname{Sin}k(2x - l)}{4k} + \frac{x}{2} + C$$

$$\int \operatorname{Sin}kx\,\operatorname{Cos}k\left(x - \frac{l}{2}\right)dx = \frac{\operatorname{Cos}k\left(2x - \frac{l}{2}\right)}{4k} + \frac{x}{2}\operatorname{Sin}\frac{kl}{2} + C$$

$$\int x\,\operatorname{Sin}kx\,dx = \frac{x\,\operatorname{Cos}kx}{k} - \frac{\operatorname{Sin}kx}{k^2} + C$$

$$\int x\,\operatorname{Cos}k\left(x - \frac{l}{2}\right)dx = \frac{x\,\operatorname{Sin}k\left(x - \frac{l}{2}\right)}{k} - \frac{\operatorname{Cos}k\left(x - \frac{l}{2}\right)}{k^2} + C.$$

Dies sind die Gleichungen, aus denen X, M_a bei gegebenen α, β festgestellt werden können. Setzt man den Ausdruck für M_a in die erste Gleichung ein und für X den aus Gl. (3) gewonnenen Wert

$$X = \frac{4\,\omega^2\,KJ}{(l+\alpha)^2},$$

so folgt

$$(8\,\mathrm{a}) \quad \left\{ \begin{aligned} &\frac{2 + \mathfrak{Cos}\,\omega - \dfrac{3\,\mathfrak{Sin}\,\omega}{\omega}}{\omega^6\,\mathfrak{Cos}^2\dfrac{\omega}{2}} - \frac{8\,\beta\,KJ\,[\mathfrak{Sin}\,\omega - \omega]}{P\,(l+\alpha)^2\,\omega^5\,\mathfrak{Cos}^2\dfrac{\omega}{2}} \\[3mm] &\quad + \frac{32\,\beta^2\,K^2\,J^2\,[\mathfrak{Sin}\,2\,\omega - 2\,\omega]}{P^2\,(l+\alpha)^4\,\omega^3\,\mathfrak{Sin}^2\,\omega} \\[3mm] &\quad - \frac{1024\,K^2\,J^3}{P^2\,(l+\alpha)^6\,F} + \frac{256\,\alpha\,K^2\,J^2}{P^2\,(l+\alpha)^5\,\omega^2} = 0. \end{aligned} \right.$$

Mit dem Wert M_a aus Gl. (8) nimmt Gl. (4) weiter die Form

$$(4\,\mathrm{a}) \quad \left\{ \begin{aligned} y &= \frac{P}{2\,X}\left[x - \frac{(l+\alpha)\,\mathfrak{Sin}\left(\dfrac{x\,\omega}{l+\alpha}\right)\mathfrak{Cos}\left(1 - \dfrac{2\,x}{l+\alpha}\right)\dfrac{\omega}{2}}{\omega\,\mathfrak{Cos}\dfrac{\omega}{2}}\right] \\[3mm] &\quad + \frac{\beta\,(l+\alpha)\,\mathfrak{Sin}\left(\dfrac{x\,\omega}{l+\alpha}\right)\mathfrak{Sin}\,(x - l - \alpha)\dfrac{\omega}{l+\alpha}}{\omega\,\mathfrak{Sin}\,\omega} \end{aligned} \right.$$

an. Setzt man darin $x = \dfrac{l+\alpha}{2}$, so erhält man

$$(9) \quad y_{\text{Mitte}} = \frac{P\,(l+\alpha)}{2\,\omega\,X}\left[\frac{\omega}{2} - \mathfrak{Tg}\,\frac{\omega}{2}\right] - \frac{\beta\,(l+\alpha)}{2\,\omega}\,\mathfrak{Tg}\,\frac{\omega}{2}.$$

Für M ergibt sich

$$(5\,\mathrm{a}) \quad M = \frac{P\,(l+\alpha)}{4\,\omega}\,\frac{\mathfrak{Sin}\left(\dfrac{2\,\omega\,x}{l+\alpha} - \dfrac{\omega}{2}\right)}{\mathfrak{Cos}\,\dfrac{\omega}{2}} - \frac{2\,\beta\,\omega\,KJ\,\mathfrak{Cos}\left(\omega - \dfrac{2\,x\,\omega}{l+\alpha}\right)}{(l+\alpha)\,\mathfrak{Sin}\,\omega}$$

Schließlich, da $Q = \dfrac{dM}{dx}$, gilt

$$(10) \qquad Q = \frac{P \operatorname{\mathfrak{Cof}}\left(\dfrac{2\,\omega x}{l+\alpha} - \dfrac{\omega}{2}\right)}{2 \operatorname{\mathfrak{Cof}} \dfrac{\omega}{2}} + \frac{\beta X \operatorname{\mathfrak{Sin}}\left(\omega - \dfrac{2x\,\omega}{l+\alpha}\right)}{\operatorname{\mathfrak{Sin}} \omega}.$$

§ 4. Sonderfälle.

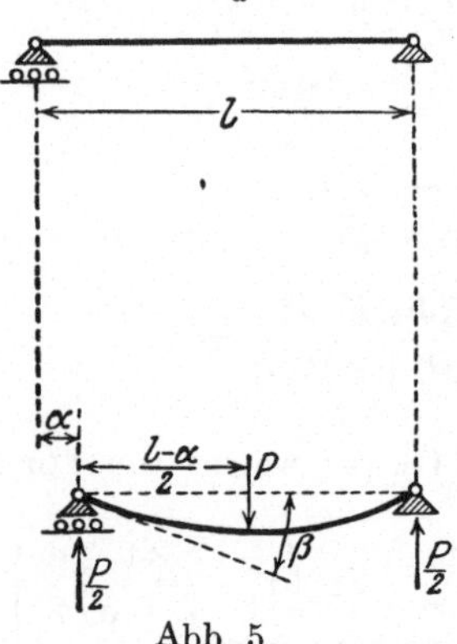

Abb. 5.

Es sei $M_a = 0$, $X = 0$. Dem Fall entspricht der sogenannte beiderseits unterstützte Träger mit einer Einzellast in der Mitte (Abb. 5). Man setzt dabei stillschweigend voraus, daß die Stützgelenke wagerecht vollkommen verschiebbar sind, und redet nicht von einer Längskraft, welche, bei unvollkommen verschiebbaren Stützgelenken, infolge der, wenn auch sehr kleinen, Längenänderung des Trägers entstehen könnte.

G. (8) liefert für die Verschiebungen am linken Ende:

$$(11) \qquad \begin{cases} \alpha_0 = \dfrac{P^2 l^5}{960\,E^2 J^2}\left[1 - \dfrac{\alpha_0}{l}\right]^5 \sim \dfrac{P^2 l^5}{960\,E^2 J^2} \\[2ex] \beta_0 = \dfrac{P l^2}{16\,EJ}\left[1 - \dfrac{\alpha_0}{l}\right]^2 \sim \dfrac{P l^2}{16\,EJ}. \end{cases}$$

Die für diesen Fall erfolgenden Verschiebungen α_0, β_0 gehen aus Abb. 5 hervor. Ferner erhält man aus Gln. (4), (5), indem man darin $\alpha = -\alpha_0$ setzt:

$$(12) \qquad \begin{cases} y = \lim\limits_{\left(\substack{X=0 \\ M_a=0 \\ \alpha=-\alpha_0}\right)} \left[\dfrac{P(l+\alpha)}{4\,\omega X \operatorname{\mathfrak{Cof}} \omega}\left(\dfrac{2\,\omega x}{l+\alpha} \operatorname{\mathfrak{Cof}} \omega - \operatorname{\mathfrak{Sin}}\left(\dfrac{2x\,\omega}{l+\alpha}\right)\right)\right. \\[2ex] \qquad \left. + \dfrac{M_a}{X \operatorname{\mathfrak{Cof}} \omega}\left(\operatorname{\mathfrak{Cof}}\left(\dfrac{2x\,\omega}{l+\alpha} - \omega\right) - \operatorname{\mathfrak{Cof}} \omega\right)\right] \\[2ex] = \dfrac{P}{16\,EJ}\left[x l^2\left(1 - \dfrac{P^2 l^4}{960\,E^2 J^2}\right)^2 - \dfrac{4}{3} x^3\right], \end{cases}$$

$$\left|\ M = \lim_{\begin{pmatrix} X=0 \\ M_a=0 \\ \alpha = -\alpha_0 \end{pmatrix}} \left[\frac{P(l+\alpha)}{4\,\omega}\, \frac{\mathfrak{Sin}\left(\dfrac{2\,x\,\omega}{l+\alpha}\right)}{\mathfrak{Cos}\,\omega} - \frac{M_a\,\mathfrak{Cos}\left(\dfrac{2\,x\,\omega}{l+\alpha} - \omega\right)}{\mathfrak{Cos}\,\omega} \right] = \frac{P}{2}\,x.\right.$$

Die eben gefundenen Formeln für y und M finden sich bei Vernachlässigung des Gliedes $P^2 l^4 / 960\,E^2 J^2$ in zahlreichen Lehrbüchern.

Weiter folgt

$$(13) \qquad \begin{cases} y_{\text{Mitte}} = \dfrac{Pl^3}{48\,EJ}\left[1 - \dfrac{P^2 l^4}{960\,E^2\,J^2}\right]^3, \\[3ex] M_{\text{Mitte}} = \dfrac{Pl}{4}\left[1 - \dfrac{P^2 l^4}{960\,E^2 J^2}\right]. \end{cases}$$

An zweiter Stelle sei $\beta = 0$, $X = 0$. Beschränkt man sich auf eine einzige äußere Kraft P, so liegt der sogenannte beiderseits eingespannte Träger vor, bei dessen Berechnung man auf einer Seite ein wagerecht vollkommen verschiebbares Einmauerungsende annimmt, ohne darauf besonders aufmerksam zu machen [Abb. 6]. Man hat danach für α, M_a

$$(14) \qquad \begin{cases} \alpha_a \sim \dfrac{P^2 l^5}{15360\,E^2 J^2}, \\[3ex] M_a \sim \dfrac{Pl}{8}. \end{cases}$$

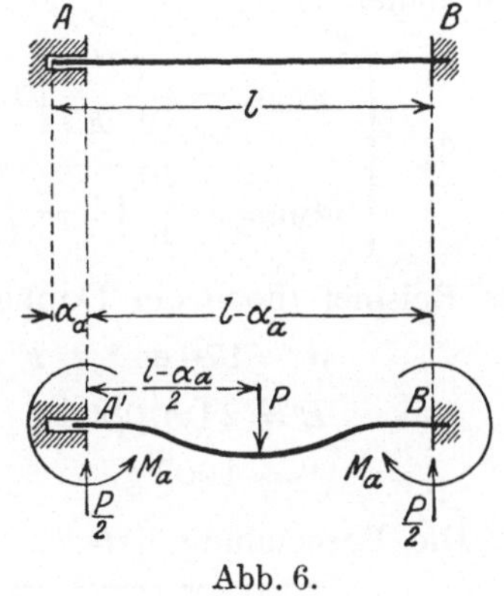

Abb. 6.

Die Verschiebung α_a findet ebenfalls nach rechts statt. Setzt man $\alpha = -\alpha_a$ in Gln. (4a) (5a), so erhält man

$$(15)\begin{cases}
y = \lim_{\left(\begin{smallmatrix}X=0\\ \beta=0\\ a=-a_a\end{smallmatrix}\right)}\left[\frac{P}{2X}\left(x - \dfrac{(l+\alpha)\,\mathfrak{Sin}\left(\dfrac{x\omega}{l+\alpha}\right)\mathfrak{Cof}\left(\dfrac{\omega}{2}-\dfrac{x\omega}{l+\alpha}\right)}{\omega\,\mathfrak{Cof}\dfrac{\omega}{2}}\right)\right.\\[4ex]
\left. \qquad\qquad +\dfrac{\beta\,(l+\alpha)\,\mathfrak{Sin}\left(\dfrac{x\omega}{l+\alpha}\right)\mathfrak{Sin}\left(\dfrac{\omega x}{l+\alpha}-\omega\right)}{\omega\,\mathfrak{Sin}\,\omega}\right]\\[4ex]
\qquad = \dfrac{P}{16\,EJ}\left[x^2\,l\left(1-\dfrac{P^2 l^4}{15360\,E^2 J^2}\right)-\dfrac{4}{3}\,x^3\right],\\[5ex]
M = \lim_{\left(\begin{smallmatrix}X=0\\ \beta=0\\ a=-a_a\end{smallmatrix}\right)}\left[\dfrac{P\,(l+\alpha)}{4\,\omega}\,\dfrac{\mathfrak{Sin}\left(\dfrac{2x\omega}{l+\alpha}-\dfrac{\omega}{2}\right)}{\mathfrak{Cof}\dfrac{\omega}{2}}\right.\\[4ex]
\left. \qquad\qquad -\dfrac{2\,\beta\,\omega\,KJ\,\mathfrak{Cof}\left(\omega-\dfrac{2x\omega}{l+\alpha}\right)}{(l+\alpha)\,\mathfrak{Sin}\,\omega}\right]\\[4ex]
\qquad = \dfrac{P}{2}\,x - \dfrac{Pl}{8}\left[1-\dfrac{P^2 l^4}{15360\,E^2 J^2}\right]
\end{cases}$$

und daher

$$(16)\begin{cases}
y_{\text{Mitte}} = \dfrac{Pl^3}{192\,EJ}\left[1-\dfrac{P^2 l^4}{15360\,E^2 J^2}\right]^3,\\[3ex]
M_{\text{Mitte}} = \dfrac{Pl}{8}\left[1-\dfrac{P^2 l^4}{15360\,E^2 J^2}\right].
\end{cases}$$

Als Beispiel diene ein Doppel-T-Träger NP.10 mit

$$J = 170\,\text{cm}^4;\quad F = 10{,}6\,\text{cm}^2;$$
$$E = 2\,100\,000\,\text{kg}\,/\,\text{cm}^2;\quad l = 400\,\text{cm};$$
$$P = 100\,\text{kg}.$$

Die Berechnung liefert:

	im Fall $X=0$, $\beta=0$	im Fall $X=0$, $M_a=0$
α	0,000052 cm	0,00084 cm
β	0	0,00280
y_{Mitte}	0,093371 cm	0,37348 cm
M_{Mitte}	5000,00 cm kg	10000,00 cm kg
M_a	5000,00 cm kg	0

§ 5. Bemerkungen.

Zur Prüfung der Genauigkeit der vorhergehenden Theorie wollen wir eine weitere Untersuchung folgen lassen.

Wir machen darauf aufmerksam, daß gewöhnlich nur die Formänderungen des Trägers nach Eintritt der Deformation in Rechnung gestellt werden.

Setzt man aber ganz allmählich wachsende äußere Kräfte voraus, so erleidet der Träger in jedem Stadium der äußeren Kräfte in bezug auf Verschiebung sowie Verdrehung Zuschläge, welche von den bis zum betrachteten Augenblick erfolgenden Formänderungen des Trägers herrühren. Wir erteilen jetzt den äußeren Kräften irgendeine unendlich kleine mögliche Verrückung, infolge deren N, M die Veränderungen dN, dM erfahren mögen.

Bezeichnet man mit $d\alpha$ die dadurch erzeugte wirkliche Verschiebung, so lautet die Arbeitsgleichung:

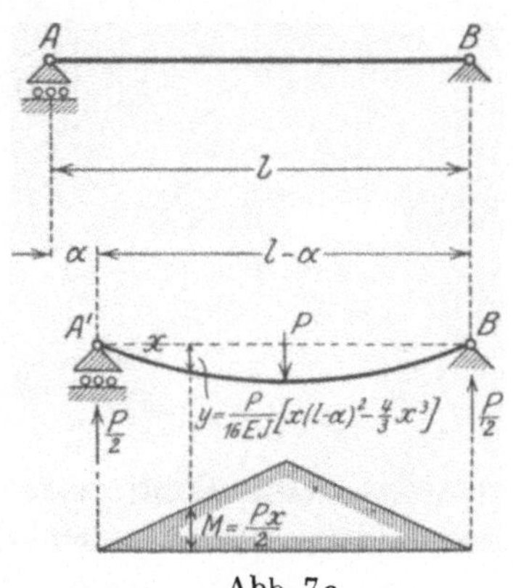

Abb. 7 a.

Abb. 7 b.

$$(6\,\text{a}) \qquad \int_s \frac{M_1\,dM}{KJ}\,ds + \int_s \frac{N_1\,dN}{KF}\,ds = d\alpha.{}^{1})$$

Mit dieser Gleichung hat sich meines Wissens zum erstenmal Hayashi befaßt.

Unsere Gleichung gestattet den in Frage stehenden Hauptträger für verschiedene Annahmen zu entwickeln.

a) Es sei AB ein frei aufliegender Träger mit der Einzellast P in der Mitte, bei dem das Ende A wagerecht verschiebbar ist [Abb. 7 a].

---

[1] Vgl. Müller-Breslau, H.: Die neueren Methoden der Festigkeitslehre, Leipzig, 1913. S. 95. Man setzt in der dort angegebenen Formel $t = 0$, ferner dN, dM an Stelle von N, M.

Die wagerechte Verschiebung α des Punktes A ist zu ermitteln.

Da $X = 0$ ist, ergibt sich die Gl. (6a), wenn man $ds = dx$ setzt, in der Form

$$\frac{2}{EJ}\int_{x=0}^{x=\frac{l-a}{2}} M_1\, dM\, dx = d\alpha,$$

welche sich, da $dM = \dfrac{x\, dP}{2}$ ist,

$$(17)\qquad \frac{dP}{EJ}\int_{0}^{\frac{l-a}{2}} xy\, dx = d\alpha$$

schreiben läßt. Führt man den in Abb. 7a angegebenen Ausdruck für y ein, so vereinfacht sie sich zu

$$\frac{P(l-\alpha)^5\, dP}{480\,(EJ)^2} = d\alpha.$$

Folglich ist

$$\frac{1}{480\,(EJ)^2}\int_{0}^{P} P\, dP = \int_{0}^{\alpha} \frac{d\alpha}{(l-\alpha)^5}.$$

Daraus hat man endgültig

$$(18)\qquad \alpha = l\left[1 - \sqrt[4]{\frac{240\,(EJ)^2}{P^2 l^4 + 240\,(EJ)^2}}\right].$$

Entwickelt man den Ausdruck unter dem Wurzelzeichen in einer Reihe, so ist

$$\sqrt[4]{\frac{240\,(EJ)^2}{P^2 l^4 + 240\,(EJ)^2}} = 1 - \frac{1}{4}\frac{P^2 l^4}{P^2 l^4 + 240\,(EJ)^2} + \cdots .$$

Vernachlässigen wir in dieser Entwicklung die dem dritten Glied folgenden Glieder, ferner $P^2 l^4$ gegen $240\,(EJ)^2$, so gelangt man für α zu dem in Gl. (11) erhaltenen Ausdruck.

Es fragt sich nun wieder, ob sich ein Hauptträger finden läßt, aus dem man α durch Anwendung des Prinzips der virtuellen Verrückungen bestimmen kann.

Setzt man in (17) l an Stelle von $l - \alpha$, was bei zahlenmäßiger Durchführung der Rechnung immer gestattet ist, so haben wir

$$\frac{dP}{EJ} \int\limits_0^{\frac{l}{2}} xy\, dx = d\alpha.$$

Für y hat man den Ausdruck

$$y = \frac{P}{16\,EJ}\left[x\,l^2 - \tfrac{4}{3}x^3\right]$$
$$= mP,$$

wenn m eine von P unabhängige Größe bezeichnet. Es folgt somit

$$d\alpha = \frac{P\,dP}{EJ} \int\limits_0^{\frac{l}{2}} mx\, dx$$

und

$$\alpha = \frac{1}{EJ} \int\limits_0^{P} P\,dP \int\limits_0^{\frac{l}{2}} mx\, dx$$

$$= \frac{2}{EJ} \int\limits_0^{\frac{l}{2}} \frac{Px}{2}\,\frac{mP}{2}\, dx$$

$$(19) \qquad\qquad = \frac{2}{EJ} \int\limits_0^{\frac{l}{2}} M\,\frac{y}{2}\, dx.$$

Die Gl. (19) zeigt, daß eine Kurvenform, deren Ordinaten gerade die Hälfte der wirklich auftretenden Durchbiegungen y betragen, als Hauptträger dienen kann (Abb. 8).

Die letzte Formel für α mit $M = \dfrac{Px}{2}$, $y = mP$ führt zu (11).

Man sieht ohne weiteres, daß, wenn die Durchbiegung y des Trägers als eine lineare Funktion von P darstellbar ist, der durch (19) angegebene Satz immer bewiesen werden kann.

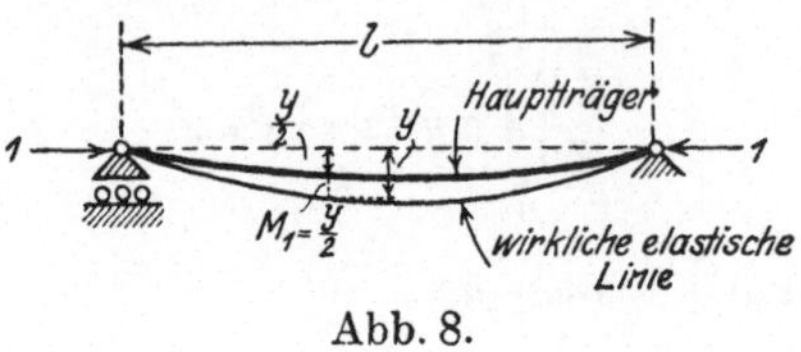

Abb. 8.

Die Verschiebung α in Abb. 7a werde noch auf einem anderen Wege ermittelt. Unter der Annahme der Unveränderlichkeit der Trägerlänge nach der Formänderung erhält man

$$l = 2 \int\limits_0^{\frac{l-\alpha}{2}} \left[1 + \left(\frac{dy}{dx}\right)^2 \right]^{\frac{1}{2}} dx$$

oder

$$l \sim 2 \int\limits_0^{\frac{l-\alpha}{2}} \left[1 + \frac{1}{2}\left(\frac{dy}{dx}\right)^2 \right] dx.$$

In dieser Gleichung führen wir den Ausdruck für $\dfrac{dy}{dx}$ ein und integrieren zwischen den angegebenen Grenzen von x. Setzt man näherungsweise in der dadurch entstandenen Gleichung für α statt $l - \alpha$ l, so resultiert wiederum die Formel (11).

Unter analoger Erwägung gelangt man für den allgemeinen Fall (s. Abb. 2) zu der Gleichung

$$\frac{P^2}{16\,X^2\,\mathfrak{Cof}^2\,\omega}\left[\frac{3\,\mathfrak{Sin}\,2\omega}{2\omega} - 2 - \mathfrak{Cof}\,2\omega\right] + \frac{PM_a}{X^2\,(l+\alpha)}\,\frac{\left[\mathfrak{Cof}\,\omega - 1 - \dfrac{\omega}{2}\,\mathfrak{Tg}\,\omega\right]}{\mathfrak{Cof}\,\omega}$$

$$+ \frac{M_a{}^2\left[1 - \dfrac{\mathfrak{Sin}\,2\omega}{2\omega}\right]}{4\,X\,K\,J\,\mathfrak{Cof}^2\,\omega} + \frac{X}{KF} - \frac{\alpha}{l+\alpha} = 0,$$

welche völlig mit Gl. (8) übereinstimmt.

b) Wir nehmen jetzt an, AB sei ein beiderseits gelenkartig gestützter, wagerecht unverschiebbarer Träger, d. h. es sei bei dem oben behandelten frei aufliegenden Träger das Gelenk A auch wagerecht nicht verschiebbar. Wenn sich der Träger infolge der Mittellast P durchbiegt, tritt in ihm eine wagerechte Längskraft X auf (Abb. 9a). Es soll X bestimmt werden.

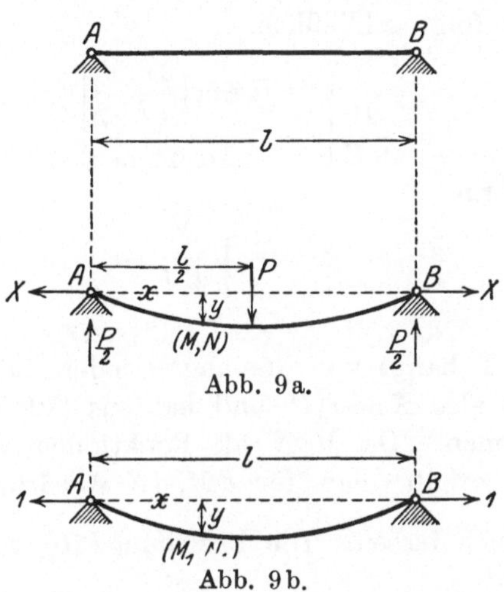

Abb. 9a.

Abb. 9b.

Man stelle sich vor, daß das Gelenk A für einen Augenblick wagerecht verschiebbar sei. Da aber an dieser Stelle keine wagerechte Verschiebung stattfindet, also $\alpha = 0$ ist, muß die Gleichung [vgl. Gl. (6a)]

$$(20) \qquad \int\limits_{P}\int\limits_{x} \frac{M_1\, dM}{KJ}\, dx + \int\limits_{P}\int\limits_{x} \frac{N_1\, dN}{KF}\, dx = 0$$

befriedigt werden. Unter M_1, N_1 versteht man die virtuellen Größen, welche die im Punkt A angreifende virtuelle Belastung 1 in dem durch die äußere Kraft P wirklich deformierten Träger erzeugt (Abb. 9b). Es ist danach $M_1 = -y$, $N_1 = 1$.

Um die Gleichung für y zu erhalten, geht man von der Differentialgleichung $\dfrac{d^2 y}{d x^2} = -\dfrac{M}{KJ}$ aus, in der $M = \dfrac{Px}{2} - Xy$ ist.

Ziehen wir ferner die zwei Randbedingungen

$$\begin{cases} \text{für } x = 0, & y = 0 \\ \text{„ } \ x = \dfrac{l}{2}, & \dfrac{dy}{dx} = 0 \end{cases}$$

in Betracht, so folgt schließlich:

$$(21) \quad \begin{cases} y = \dfrac{P}{2X}\left[x - \dfrac{l\,\mathfrak{Sin}\left(\dfrac{2\,\omega\,x}{l}\right)}{2\,\omega\,\mathfrak{Cof}\,\omega} \right], \\ \text{worin} \\ \omega = \dfrac{l}{2}\sqrt{\dfrac{X}{KJ}} \end{cases}$$

gesetzt ist.

Die Größe X hängt von der angreifenden äußeren Kraft P ab. Man setzt also $X = f(P)$ und hat aus (20) die Funktion $f(P)$ zu bestimmen. Da M, N als Funktionen von $f(P)$ darzustellen sind, erhält man für dM, dN Ausdrücke, die $f(P)$ und $\dfrac{\partial f(P)}{\partial P}$ in sich fassen. Die Beziehung (20) wird also eine

Funktionalgleichung ergeben, die $f(P)$ und $\dfrac{\partial f(P)}{\partial P}$ in einer äußerst komplizierten Form enthält. Die Auflösung einer solchen Gleichung würde große Schwierigkeiten bereiten.

Wir wollen daher einen anderen Weg einschlagen, um zu einer angenäherten Lösung zu gelangen. Das Problem sei folgendes:

Man lasse an dem Träger in Abb. 9a zuerst den Zug X wirken, wodurch die wagerechte Verschiebung α erfolgt; nach Eintritt der Ruhelage bringe man die Mittellast P an, um diese Verschiebung verschwinden zu lassen (Abb. 10a).

Die elastische Linie hat dann nach (21) die Gleichung

$$\begin{cases} y = \dfrac{P}{X}\,F_1, \\ \text{wenn} \\ F_1 = \dfrac{1}{2}\left[x - \dfrac{l\,\mathfrak{Sin}\left(\dfrac{2\,\omega\,x}{l}\right)}{2\,\omega\,\mathfrak{Cof}\,\omega} \right]. \end{cases}$$

Aus dieser Gleichung und Abb. 10a geht hervor:

$$\begin{cases} dM = \left[\dfrac{x}{2} - F_1\right] dP \\ dN = 0 \end{cases}$$

und $M_1 = y$. Mit Rücksicht auf die Beziehung (6a) erhält man

$$d\alpha = \frac{1}{KJ} \int_s M_1\, dM\, ds.$$

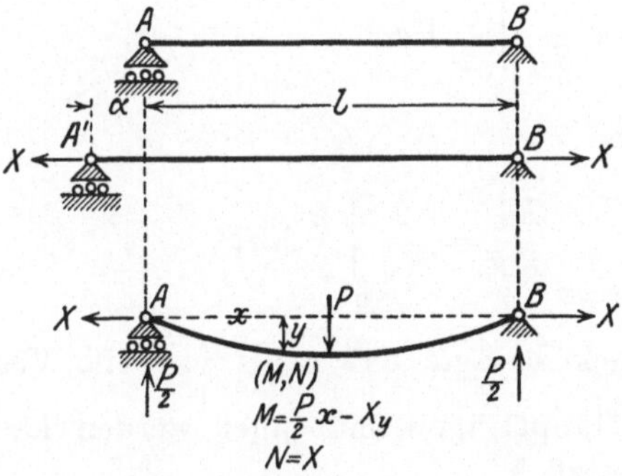

Abb. 10a.

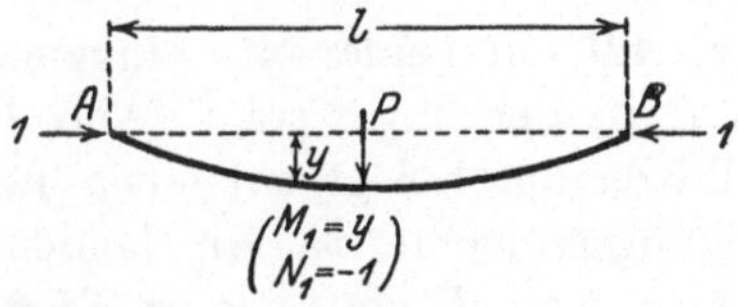

Abb. 10b.

Wenn man $ds = dx$ setzt, so ist

$$d\alpha = \frac{2}{KJ} \int\limits_{x=0}^{x=\frac{l}{2}} y\, dM\, dx$$

$$= \frac{2}{KJ} \int\limits_{x=0}^{x=\frac{l}{2}} \frac{P F_1}{X}\left[\frac{x}{2} - F_1\right] dP\, dx.$$

Daraus folgt:

$$\alpha = \frac{2}{KJ} \int\limits_{P=0}^{P=P} P\,dP \int\limits_{x=0}^{x=\frac{l}{2}} \frac{F_1}{X}\left[\frac{x}{2} - F_1\right] dx$$

$$= \frac{2}{KJ} \int\limits_{x=0}^{x=\frac{l}{2}} \frac{PF_1}{2X}\, P\left[\frac{x}{2} - F_1\right] dx$$

$$= \frac{2}{KJ} \int\limits_{x=0}^{x=\frac{l}{2}} \frac{y}{2}\, M\,dx.$$

Mithin ergibt sich

$$(22) \qquad \frac{Xl}{KF} = \frac{2}{KJ} \int\limits_{0}^{\frac{l}{2}} \frac{y}{2}\, M\,dx.$$

Dieser Ausdruck besagt, daß α als virtuelle Verschiebung eines gebogenen Hauptträgers berechnet werden kann, der $\frac{y}{2}$ als Ordinaten besitzt.

c) Schließlich sei AB ein beiderseits eingemauerter Träger, der eine Einzellast P in der Mitte trägt (Abb. 11a).

Wenn sich der Träger durchbiegt, entstehen nebst der Axialkraft X noch Biegungsmomente M_a an beiden Enden. Die Größen X, M_a hängen von P ab, also müßten sie bei ihrer Berechnung als Funktionen von P betrachtet werden. Eine exakte Lösung der Gleichungen würde zu weit führen. Daher greifen wir zu der folgenden Annäherung:

Wir denken uns vorläufig die Einmauerung des Trägers an den Enden beseitigt und statt derselben Gelenke angebracht, wobei dasjenige am Ende A außerdem wagerecht verschiebbar sein muß (Abb. 11b). Dann bringen wir am Träger den Zug X an; die Folge davon ist die wagerechte Verschiebung α_1. Um diese Verschiebung rückgängig zu machen und gleichzeitig die Tangenten der elastischen Linie an beiden Enden in der horizontalen Lage zu halten, bringe man am Träger die Mittellast P und die Momente M_a an beiden Enden an.

Die zu erfüllenden zwei Bedingungen lassen sich in der Form

$$(23)\begin{cases}\displaystyle\int\limits_{(0,0)}^{(P,M_a)}\int\limits_x \frac{M_1\,dM}{KJ}\,dx+\int\limits_{(0,0)}^{(P,M_a)}\int\limits_x \frac{N_1\,dN}{KF}\,dx=\alpha,\\[2em]\left[\dfrac{dy}{dx}\right]_{x=0}=0\end{cases}$$

darstellen, worin $M_1=y,\quad N_1=-1$ ist.

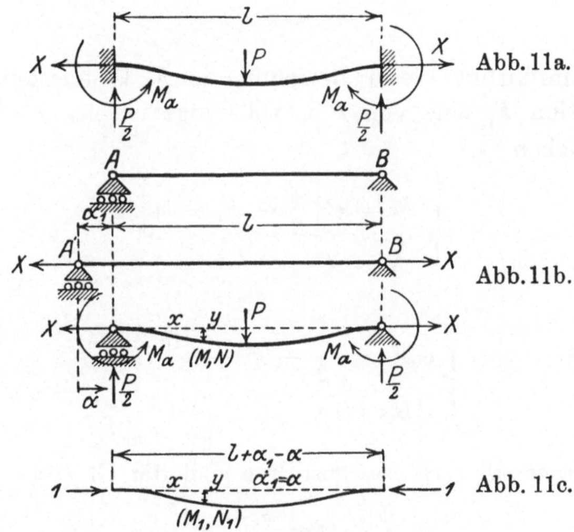

Die elastische Linie hat die Gleichung

$$(24)\begin{cases}y=\dfrac{P}{X}\,F_1,\\[1em]\text{wenn}\\[0.5em]F_1=\dfrac{l}{4\,\omega\,\mathfrak{Cof}\,\omega}\left[\dfrac{2\,\omega\,x}{l}\,\mathfrak{Cof}\,\omega-\mathfrak{Sin}\,\dfrac{2\,x\,\omega}{l}\right]+\dfrac{M_a}{P\,\mathfrak{Cof}\,\omega}\left[\mathfrak{Cof}\left(\dfrac{2\,x}{l}-1\right)\omega-\mathfrak{Cof}\,\omega\right]\\[1.5em]\omega=\dfrac{l}{2}\sqrt{\dfrac{X}{KJ}}.\end{cases}$$

In diesem Falle ist das Moment M eine Funktion von P und M_a, worin die zwei Größen als voneinander unabhängig zu betrachten sind; dM läßt sich also durch ein vollständiges

Differential der Funktion darstellen. Die erste Gleichung von (23) führt daher zur Integration eines vollständigen Differentials. Da aber hierdurch die Aufgabe verwickelt wird, müssen wir noch eine Annahme zwischen P und M_a machen, um die Aufgabe eindeutig bestimmbar zu gestalten.

Wir setzen nämlich voraus, daß M_a von P abhängig und zwar als eine lineare Funktion von P darstellbar sei. Diese Annahme bedeutet für praktische Fälle eine sachgemäße Annäherung. Man setzt danach

$$(25) \qquad M_a = m\,P.$$

Die Einführung dieser Beziehung in F_1 läßt erkennen, daß die Funktion F_1 eine von P unabhängige ist.

Wir haben

$$\begin{cases} M = P\left[\dfrac{x}{2} - F_1 - m\right] \\ N = X \end{cases}$$

und also

$$\begin{cases} dM = \left[\dfrac{x}{2} - F_1 - m\right] dP \\ dN = 0. \end{cases}$$

Da ferner $M_1 = y$ ist, gestaltet sich die Gl. (6a)

$$(26) \qquad d\alpha = \frac{2}{KJ}\int\limits_{x=0}^{x=\frac{l+\alpha_1-\alpha}{2}} y\,dM\,dx,$$

wenn unter α eine von A' nach rechts gemessene Verschiebung des Trägerendes verstanden wird. Folglich ist

$$\int\limits_{0}^{\alpha_1} d\alpha = \frac{2}{KJ}\int\limits_{P=0}^{P=P}\int\limits_{x=0}^{\frac{l+\alpha_1-\alpha}{2}} \frac{P\,F_1}{X}\left[\frac{x}{2} - F_1 - m\right] dP\,dx,$$

worin der Ausdruck in der Klammer von P unabhängig ist. Setzt man l an Stelle von $l + \alpha_1 - \alpha$, so ist

$$(27) \qquad \alpha_1 = \frac{Xl}{KF} = \frac{2}{KJ} \int\limits_0^{\frac{l}{2}} \frac{PF_1}{2X} \, P \left[\frac{x}{2} - F_1 - m \right] dx$$

$$= \frac{2}{KJ} \int\limits_0^{\frac{l}{2}} \frac{y}{2} \, M \, dy \, .$$

Hieraus folgt, daß es nötig ist, für virtuelle Belastungen einen anfänglich gekrümmten Träger anzunehmen, der $\frac{y}{2}$ als Ordinaten hat.

Zu bemerken ist, daß in der obigen Entwicklung ein gerades Verhältnis von M_a zu P vorausgesetzt ist; sonst läßt sich die Formel (27) in strengem Sinne nicht beweisen und die Aufgabe kann, wie schon erörtert, nicht eindeutig gelöst werden.

II. Der Träger ist vollkommen eingespannt und trägt nur eine Einzellast in der Mitte.
(Abb. 11 a.)

§ 6. Aufstellung der Gleichungen.

Unter „vollkommen eingespannt" versteht man die Befestigungsart eines Trägers, bei welcher der Träger weder einer Verschiebung noch einer Verdrehung unterworfen ist.

Dem vorliegenden Fall entspricht also der im vorigen Abschnitt behandelte Träger, wenn man die Bedingungen

$$\left\{ \begin{array}{l} \alpha = 0 \\ \beta = 0 \end{array} \right.$$

stellt. Das Moment M_a sowie die Kraft X, die in § 1 als äußere Ursachen bezeichnet wurden, treten jetzt bei dem in Frage stehenden Träger als innere Ursachen auf, hervorgerufen infolge der durch die Wirkung von P eintretenden Formänderung und unter Berücksichtigung der angegebenen Bedingung.

24 Der Träger ist vollkommen eingespannt u. trägt nur eine Einzellast.

Die X-Gleichung (8) rechnet sich um zu

$$(28) \qquad \frac{2 + \mathfrak{Cof}\,\omega - \dfrac{3\,\mathfrak{Sin}\,\omega}{\omega}}{\omega^6\,\mathfrak{Cof}^2\,\dfrac{\omega}{2}} = \frac{1024\,K^2\,J^3}{P^2\,l^6\,F}\,.$$

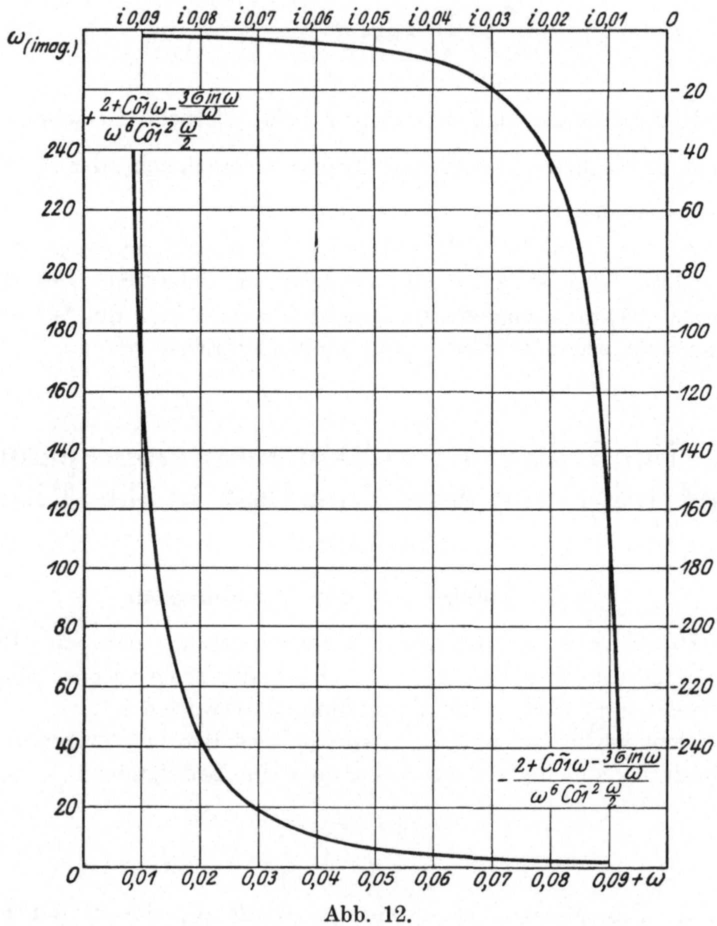

Abb. 12.

Die Gleichung ist in hohem Grade transzendent; man kann aus ihr keinen praktischen Schluß ziehen. Das Vorzeichen von X läßt sich indessen durch folgende Überlegung feststellen: es handle sich um einen positiven Wert von X; die Zahl $\omega = \dfrac{l}{2}\sqrt{\dfrac{X}{KJ}}$

ist dann reell, und die Funktion $\dfrac{2 + \mathfrak{Cof}\,\omega - \dfrac{3\,\mathfrak{Sin}\,\omega}{\omega}}{\omega^6\,\mathfrak{Cof}^2\,\dfrac{\omega}{2}}$ bleibt

stets positiv. Sie nimmt, wie die Tabelle 1 zeigt, mit ω ab. Wenn ω imaginär ist, was bei negativem X eintritt, hat die Funktion negatives Vorzeichen und nimmt mit ω zu. Es folgt daraus, daß die Gl. (28) keine negative Wurzel X gestattet, denn die rechte Seite derselben stellt für ein positives ebenso wie für ein negatives P stets eine positive Zahl dar. Die Kraft X ist also stets ein Zug ohne Rücksicht auf das Vorzeichen von P.

Die letzterwähnte Funktion ist in Abb. 12 graphisch dargestellt. Außerdem sind die Funktionswerte für imaginäre ω eingetragen.

Tabelle 1.

ω	$\dfrac{2 + \mathfrak{Cof}\,\omega - \dfrac{3\,\mathfrak{Sin}\,\omega}{\omega}}{\omega^6\,\mathfrak{Cof}^2\,\dfrac{\omega}{2}}$	ω	$\dfrac{2 + \mathfrak{Cof}\,\omega - \dfrac{3\,\mathfrak{Sin}\,\omega}{\omega}}{\omega^6\,\mathfrak{Cof}^2\,\dfrac{\omega}{2}}$
0	∞		
0,001	16 666,663 29	0,021	37,789 53
2	4 166,663 29	22	34,431 89
3	1 851,848 47	23	31,502 61
4	1 041,663 29	24	28,931 81
5	666,663 29	25	26,663 29
6	462,959 59	26	24,651 46
7	340,132 68	27	22,858 99
8	260,413 29	28	21,255 13
9	205,757 94	29	19,814 31
0,010	166,663 29	0,030	18,515 15
11	137,737 68	31	17,339 68
12	115,737 37	32	16,272 67
13	98,615 96	33	15,301 19
14	85,030 64	34	14,414 16
15	74,070 70	35	13,602 07
16	65,100 79	36	12,856 71
17	57,666 76	37	12,170 96
18	51,436 96	38	11,538 64
19	46,164 68	39	10,954 33
0,020	41,663 29	0,040	10,413 29

Tabelle 1 (Fortsetzung).

ω	$\dfrac{2+\mathfrak{Cof}\,\omega-\dfrac{3\,\mathfrak{Sin}\,\omega}{\omega}}{\omega^6\,\mathfrak{Cof}^2\,\dfrac{\omega}{2}}$	ω	$\dfrac{2+\mathfrak{Cof}\,\omega-\dfrac{3\,\mathfrak{Sin}\,\omega}{\omega}}{\omega^6\,\mathfrak{Cof}^2\,\dfrac{\omega}{2}}$
0,041	9,911 36	0,071	3,302 85
42	9,444 85	72	3,211 65
43	9,010 51	73	3,124 17
44	8,605 44	74	3,040 21
45	8,227 08	75	2,959 59
46	7,873 12	76	2,882 13
47	7,541 52	77	2,807 67
48	7,230 42	78	2,736 06
49	6,938 18	79	2,667 14
50	6,663 29	0,080	2,600 80
0,051	6,404 42	81	2,536 89
52	6,160 34	82	2,475 31
53	5,929 94	83	2,415 95
54	5,712 22	84	2,358 69
55	5,506 27	85	2,303 44
56	5,311 26	86	2,250 10
57	5,126 41	87	2,198 59
58	4,951 05	88	2,148 83
59	4,784 53	89	2,100 74
0,060	4,626 26	0,090	2,054 24
61	4,475 71	91	2,009 27
62	4,332 39	92	1,965 75
63	4,195 84	93	1,923 64
64	4,065 64	94	1,882 86
65	3,941 40	95	1,843 35
66	3,822 77	96	1,805 08
67	3,709 53	97	1,767 99
68	3,601 01	98	1,732 02
69	3,497 29	99	1,697 14
0,070	3,397 99	100	1,663 30
		∞	0

Wollen wir nun die Gleichung für die elastische Linie entwickeln, so benutzen wir Gl. (4a) unter Beachtung obiger Bedingungen und erhalten:

$$(29)\qquad y=\frac{P}{2\,X}\left[x-\frac{l\,\mathfrak{Sin}\left(\dfrac{x\,\omega}{l}\right)\mathfrak{Cof}\left(\dfrac{\omega}{2}-\dfrac{\omega x}{l}\right)}{\omega\,\mathfrak{Cof}\dfrac{\omega}{2}}\right].$$

Setzt man darin $x = \dfrac{l}{2}$, so ergibt sich

$$(30) \qquad y_{\mathrm{Mitte}} = \frac{Pl}{2\,\omega\,X}\left[\frac{\omega}{2} - \mathfrak{Tg}\,\frac{\omega}{2}\right].$$

Gln. (5a), (8), (10) liefern

$$(31) \qquad \begin{cases} M = \dfrac{Pl}{4\,\omega}\,\dfrac{\mathfrak{Sin}\left(\dfrac{2\,\omega\,x}{l} - \dfrac{\omega}{2}\right)}{\mathfrak{Cof}\,\dfrac{\omega}{2}} \\[3em] M_a = \dfrac{Pl}{4\,\omega}\,\mathfrak{Tg}\,\dfrac{\omega}{2} \\[2em] Q = \dfrac{P\,\mathfrak{Cof}\left(\dfrac{2\,\omega\,x}{l} - \dfrac{\omega}{2}\right)}{2\,\mathfrak{Cof}\,\dfrac{\omega}{2}}. \end{cases}$$

§ 7. Ergänzungsbeispiel.

Es soll der in § 4 angegebene Träger bei vollkommener Einmauerung berechnet werden.

Es ist

$$K = 2\,100\,000 + \frac{X}{10{,}6}\;[\text{Gl. (1)}]$$

$$\omega = \frac{400}{2}\sqrt{\frac{X}{170\left[2\,100\,000 + \dfrac{X}{10{,}6}\right]}}$$

$$\sim \frac{\sqrt{X}}{94{,}4722\left[1 + \dfrac{X}{10^7 \cdot 4{,}452}\right]}.$$

Somit läßt sich die Kraft X mittels der Gl. (28) durch Probieren berechnen. Man findet

$$X = 2{,}9\ \text{kg}$$

und ferner

$$y_{\mathrm{Mitte}} = 0{,}093\,368\ \text{cm}$$
$$M_{\mathrm{Mitte}} = 4999{,}86\ \text{cm kg}.$$

28 Der Träger ist vollkommen eingespannt u. trägt nur eine Einzellast.

In bezug auf S. 12 ist

$$\frac{0{,}093\,368}{0{,}093\,371} = 0{,}999\,968 \text{ für } y_{\text{Mitte}}$$

$$\frac{4999{,}86}{5000{,}00} = 0{,}999\,927 \text{ für } M_{\text{Mitte}}.$$

Die Durchbiegung sowie das Biegungsmoment in der Trägermitte sind also bei Berücksichtigung der Längskraft kleiner als bei dem Träger mit wagerecht verschiebbaren Einmauerungsenden. Wir können daher die anfangs erwähnte Verminderung des Feldmomentes als zutreffend ansehen.

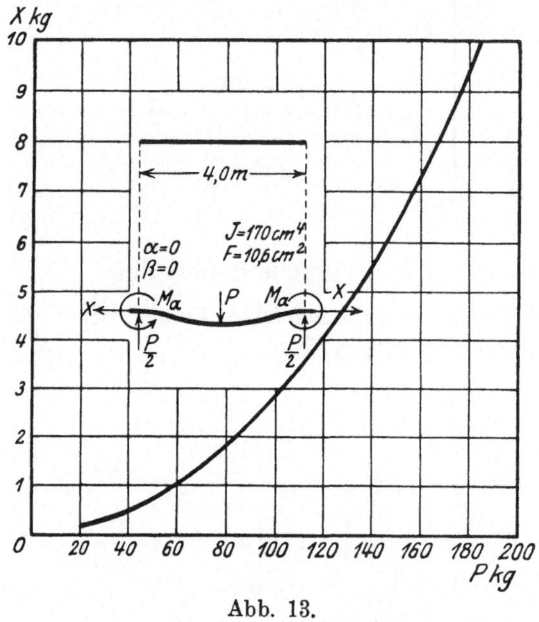

Abb. 13.

Aus den Rechnungsergebnissen geht hervor, daß der Einfluß von Kraft X auf y_{Mitte}, M_{Mitte} äußerst gering ist. Die Kraft X selbst dagegen beläuft sich auf etwa $3\,\%$ von P. Bei der praktischen Bestimmung der Spannungen im Träger ist es zulässig, die Längskraft zu vernachlässigen. Dies kann aber bei nachgiebigem Einmauerungsmaterial nicht der Fall sein; davon werden wir uns in den folgenden Paragraphen überzeugen können.

In Abb. 13 ist X als Funktion von P aufgetragen. Man sieht daraus, daß die Zunahme von X mit P wächst.

Ferner sei bei unserem Träger die Lichtweite l veränderlich an Stelle von 400 cm eingeführt. In Abb. 14 sind die X-Kurven für $P = 50$, 100, 150 kg dargestellt. Die Kraft X nimmt, wenn l größer ist als einige Meter, also mit l rasch zu.

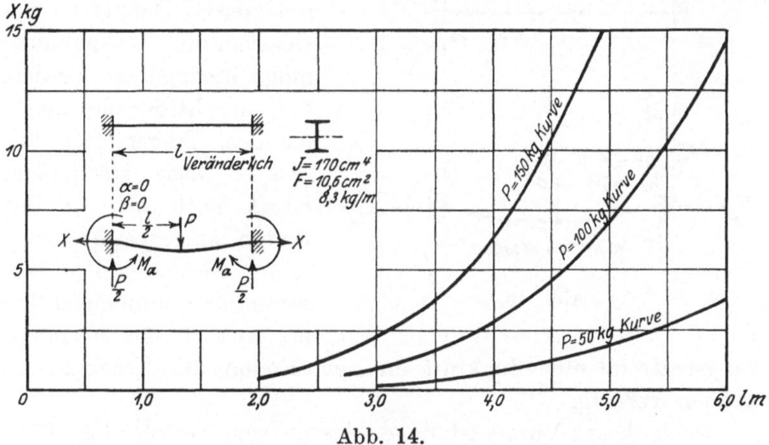

Abb. 14.

III. Das Einmauerungsmaterial ist in gewissem Grade nachgiebig.

§ 8. Vorbemerkungen.

Wir kommen jetzt zur Untersuchung des Falles, bei dem wir uns dem tatsächlichen Gleichgewichtszustand des Trägers am meisten nähern. Das Einmauerungsmaterial soll sich gegen Zug sowie gegen eine Drehung des eingemauerten Trägers im strengen Sinne des Wortes nicht widerstandsfähig erweisen; vielmehr möge es eine gewisse Nachgiebigkeit zeigen, die, wenn sie auch äußerst gering ist, doch auf den Gleichgewichtszustand des Trägers einen bedeutenden Einfluß ausüben kann.

Die Einspannung eines Trägers an einem eingemauerten Ende bei nachgiebigem Einmauerungsmaterial ist von Hayashi[1])

---

[1]) Hayashi, K. , Theorie des Trägers auf elastischer Unterlage, Berlin 1921, S. 180.

so definiert, daß der Träger daselbst durch ein negatives Biegungsmoment beansprucht wird, indem man sich auf von oben nach unten wirkende Lasten beschränkt. Von der wagerechten Verschiebung des Trägerendes, die ein Träger bei diesen Belastungen erleiden kann (vgl. Abb. 15), ist bei Hayashi nicht die Rede. Zur schärferen Definition der Bezeichnung **Einspannung** möge hinzugefügt werden, daß der beiderseits eingemauerte Träger mit lotrechter Last als äußere Kraft noch als an den Enden eingespannt angesehen werden soll, auch wenn das Endmoment Null ist, solange das Einmauerungsmaterial eine Zugkraft an den Enden des Trägers auszuüben vermag.

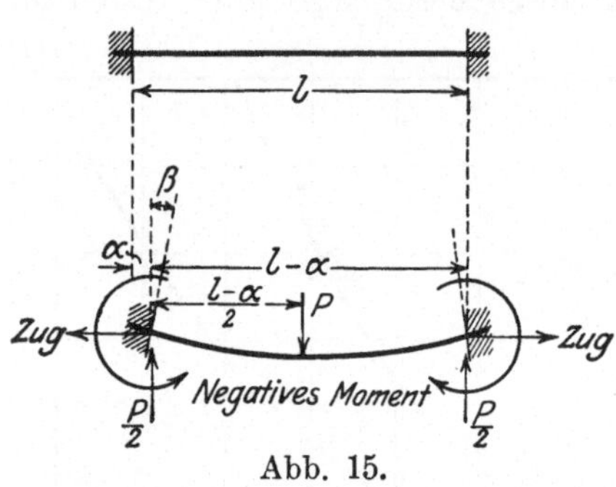

Abb. 15.

Nach diesen Voraussetzungen lassen sich verschiedene Fälle von eingespannten Trägern unterscheiden. X, M_a können dabei als äußere oder als innere Ursache betrachtet werden. Im vorliegenden Abschnitt wollen wir uns aber auf die Annahme beschränken, daß der Träger nur durch eine einzige äußere Kraft P belastet ist, also X, M_a nur als die von P herrührenden inneren Kräfte anzusehen sind.

§ 9. Der Träger ist beiderseits mit wagerecht unverschiebbaren Gelenken versehen.

Dem Fall entspricht $\alpha = 0$, $M_a = 0$ (Abb. 9a oder 16).

Für X erhält man aus Gl. (8), in der X durch $\left(\dfrac{2\omega}{l}\right)^2 KJ$ ersetzt wird:

$$(32) \qquad \frac{2 + \mathfrak{Cof}\, 2\omega - \dfrac{3\, \mathfrak{Sin}\, 2\omega}{2\omega}}{(2\omega)^6\, \mathfrak{Cof}^2\, \omega} = \frac{16\, K^2\, J^3}{P^2\, l^6\, F}.$$

Man sieht wieder ohne weiteres, daß am Trägerende eine Zugkraft herrscht.

Die Funktion $\dfrac{2 + \mathfrak{Cof}\, 2\,\omega - \dfrac{3\,\mathfrak{Sin}\, 2\,\omega}{2\,\omega}}{(2\,\omega)^6\,\mathfrak{Cof}^2\,\omega}$ ist in der Tabelle 2 zahlenmäßig angegeben.

Setzt man $M_a = 0$ in Gl. (8) so lautet der Ausdruck für die Verdrehung β

$$(33)\quad \beta_1 = -\frac{P}{2X}\left[1 - \frac{1}{\mathfrak{Cof}\,\omega}\right].$$

Das Minuszeichen zeigt, daß die Verdrehung im Sinne des Uhrzeigers stattfindet (Abb. 16).

Ferner folgt:

$$(34)\quad \begin{cases} y_{\text{Mitte}} = \dfrac{Pl}{4X}\left[1 - \dfrac{\mathfrak{Tg}\,\omega}{\omega}\right], \\[3mm] M_{\text{Mitte}} = \dfrac{Pl}{4\,\omega}\,\mathfrak{Tg}\,\omega. \end{cases}$$

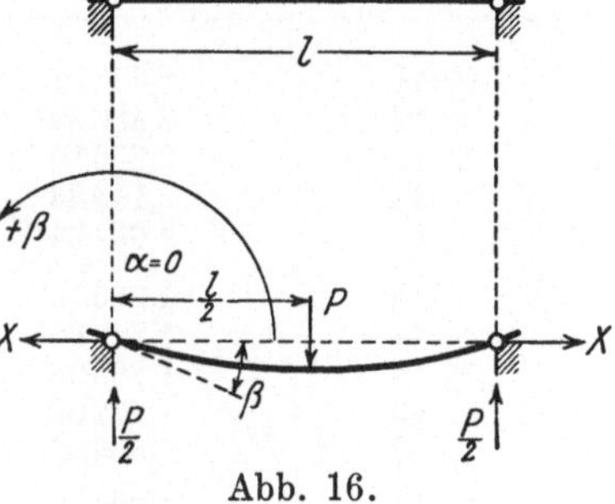

Abb. 16.

Tabelle 2.

ω	$\dfrac{2 + \mathfrak{Cof}\, 2\,\omega - \dfrac{3\,\mathfrak{Sin}\, 2\,\omega}{2\,\omega}}{(2\,\omega)^6\,\mathfrak{Cof}^2\,\omega}$	ω	$\dfrac{2 + \mathfrak{Cof}\, 2\,\omega - \dfrac{3\,\mathfrak{Sin}\, 2\,\omega}{2\,\omega}}{(2\,\omega)^6\,\mathfrak{Cof}^2\,\omega}$
0	∞		
0,001	4166,663 29	0,021	9,444 85
2	1041,663 29	22	8,605 44
3	462,959 59	23	7,873 12
4	260,413 29	24	7,230 42
5	166,663 29	25	6,663 29
6	115,737 37	26	6,160 34
7	85,030 64	27	5,712 22
8	65,100 79	28	5,311 26
9	51,436 96	29	4,951 05
0,010	41,663 29	0,030	4,626 26
11	34,431 89	31	4,332 39
12	28,931 81	32	4,065 64
13	24,651 46	33	3,822 77
14	21,255 13	34	3,601 01
15	18,515 15	35	3,397 99
16	16,272 67	36	3,211 65
17	14,414 16	37	3,040 21
18	12,856 71	38	2,882 13
19	11,538 64	39	2,736 06
0,020	10,413 29	0,040	2,600 80

Tabelle 2 (Fortsetzung).

ω	$\dfrac{2 + \mathfrak{Cof}\,2\omega - \dfrac{3\,\mathfrak{Sin}\,2\omega}{2\,\omega}}{(2\,\omega)^6\,\mathfrak{Cof}^2\,\omega}$	ω	$\dfrac{2 + \mathfrak{Cof}\,2\omega - \dfrac{3\,\mathfrak{Sin}\,2\omega}{2\,\omega}}{(2\,\omega)^6\,\mathfrak{Cof}^2\,\omega}$
0,041	2,475 31	0,071	0,823 19
42	2,358 69	72	0,800 39
43	2,250 10	73	0,778 52
44	2,148 83	74	0,757 53
45	2,054 24	75	0,737 38
46	1,965 75	76	0,718 01
47	1,882 86	77	0,699 40
48	1,805 08	78	0,681 50
49	1,732 02	79	0,664 27
50	1,663 30	0,080	0,647 68
0,051	1,598 58	81	0,631 71
52	1,537 56	82	0,616 31
53	1,479 96	83	0,601 47
54	1,425 53	84	0,587 16
55	1,374 04	85	0,573 34
56	1,325 29	86	0,560 01
57	1,279 08	87	0,547 13
58	1,235 24	88	0,534 69
59	1,193 61	89	0,522 67
0,060	1,154 04	0,090	0,511 05
61	1,116 41	91	0,499 80
62	1,080 58	92	0,488 93
63	1,046 44	93	0,478 40
64	1,013 89	94	0,468 20
65	0,982 83	95	0,458 33
66	0,953 17	96	0,448 76
67	0,924 83	97	0,439 48
68	0,897 73	98	0,430 49
69	0,871 80	99	0,421 77
0,070	0,846 98	0,100	0,413 31
		∞	0

Berechnet man nach der hier angegebenen Bedingung den in § 4 behandelten Träger, so erhält man als X-Kurve für das veränderliche P eine parabelförmige Kurve (Abb. 17).

Sie möge mit hinreichender Genauigkeit durch die Gleichung

$$X = 0,0047\,P^2$$

bestimmt sein. Darnach verändert sich die Zugkraft X mit P^2. In der Figur ist die letztere Kurve gestrichelt eingezeichnet.

Ist $P = 100$ kg, so berechnet sich
$$X = 46 \text{ kg},$$
$$|\beta| = 0{,}0027978,$$
$$y_{\text{Mitte}} = 0{,}37280 \text{ cm},$$
$$M_{\text{Mitte}} = 9982{,}87 \text{ cm kg}.$$

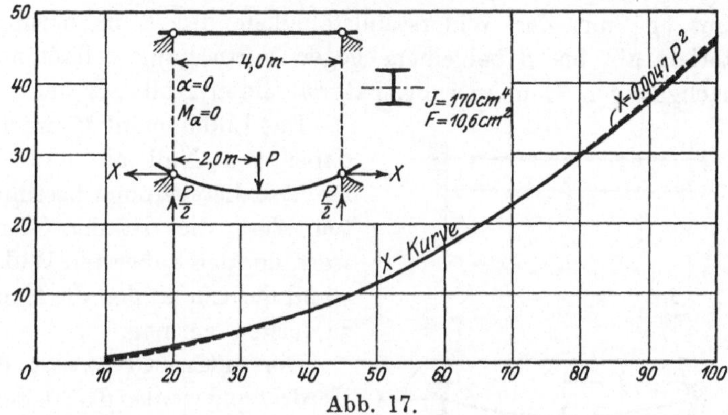

Abb. 17.

X ist etwa halb so groß wie P. Der Träger ist also durch eine verhältnismäßig große Längskraft beansprucht. Die größte Spannung in der Trägermitte berechnet sich zu

$$\sigma = \frac{M_{\text{Mitte}}}{W} + \frac{X}{F}$$
$$= \frac{9982{,}87}{34} + \frac{46}{10{,}6}$$
$$= 297{,}95 \text{ kg/cm}^2.$$

Bei der Berechnung derartiger Träger pflegt man unter der Annahme wagerecht verschiebbarer Enden die Kraft X völlig außer acht zu lassen.   In bezug auf § 4 ist σ

$$\sigma = \frac{5000}{37} = 147{,}06 \text{ kg/cm}^2.$$

Man sieht also, daß unter Voraussetzung wagerecht nicht verschiebbarer Enden die Nachgiebigkeit der Mauer gegen Verdrehung ungefähr eine Verdoppelung der maßgebenden Spannung zur Folge hat.

§ 10. Die Mauer ist gegen wagerechten Zug vollkommen fest, aber gegen Verdrehung in gewissem Grade nachgiebig (Abb. 18).

Es ist $\alpha = 0$. Die Verdrehung β ist nicht mehr gleich β_1 [Gl. (33)], sondern fällt absolut kleiner aus als $|\beta_1|$ und zwar nimmt $|\beta|$ mit der Widerstandsfähigkeit des Einmauerungsmaterials ab, bis β bei einem gegen Verdrehung vollkommen unnachgiebigen Einmauerungsmaterial einen Nullwert hat.

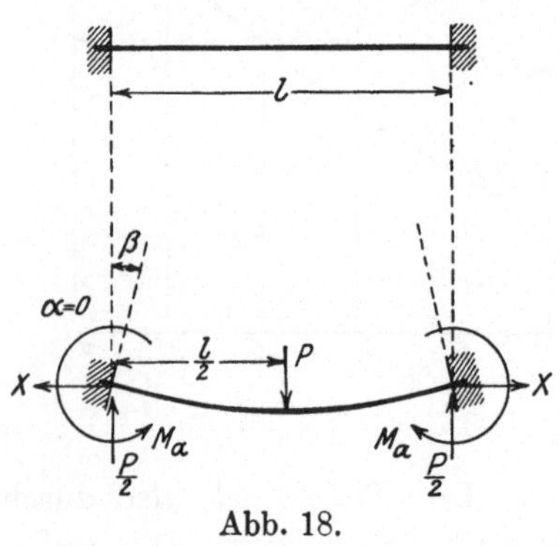

Abb. 18.

Das Endmoment M_a wächst dabei von Null an und erreicht schließlich einen bestimmten Wert; dies ist der Grenzwert, der den äußersten Widerstand ausdrückt, den die Mauer zu leisten vermag.

Der untere Grenzwert der Verdrehung ist also $\beta = 0$, denn eine weitere Abnahme von β würde eine Zunahme des positiven Betrages von β erfordern und nur dann möglich sein, wenn ein äußeres Moment dem soeben genannten Wert von M_a hinzugefügt würde.

Setzt man in Gl. (8a) $\alpha = 0$, so gilt für die X-Gleichung

$$(35) \quad \begin{cases} \dfrac{2 + \mathfrak{Coj}\,\omega - \dfrac{3\,\mathfrak{Sin}\,\omega}{\omega}}{\omega^6\,\mathfrak{Coj}^2\,\dfrac{\omega}{2}} - \dfrac{8\,\beta\,KJ}{Pl^2\,\omega^5\,\mathfrak{Coj}^2\,\dfrac{\omega}{2}}\,[\mathfrak{Sin}\,\omega - \omega] \\[4mm] + \dfrac{32\,\beta^2\,K^2\,J^2}{P^2\,l^4\,\omega^3\,\mathfrak{Sin}^2\,\omega}\,[\mathfrak{Sin}\,2\,\omega - 2\,\omega] - \dfrac{1024\,K^2\,J^3}{P^2\,l^6\,F} = 0. \end{cases}$$

Ferner folgt aus Gln. (9), (5a)

$$(36) \quad \begin{cases} y_{\mathrm{Mitte}} = \dfrac{Pl}{2\,\omega\,X}\left[\dfrac{\omega}{2} - \mathfrak{Tg}\,\dfrac{\omega}{2}\right] - \dfrac{\beta\,l}{2\,\omega}\,\mathfrak{Tg}\,\dfrac{\omega}{2}, \\[4mm] M_{\mathrm{Mitte}} = \dfrac{Pl}{4\,\omega}\,\mathfrak{Tg}\,\dfrac{\omega}{2} - \dfrac{2\,\beta\,\omega\,KJ}{l\,\mathfrak{Sin}\,\omega}. \end{cases}$$

Zur näheren Erklärung berechnen wir den Träger in § 4 unter der vorliegenden Annahme. Die Rechnungsergebnisse sind in Abb. 19 aufgetragen. Die Tabelle 3, S. 49, erleichtert die Berechnung obiger Formeln.

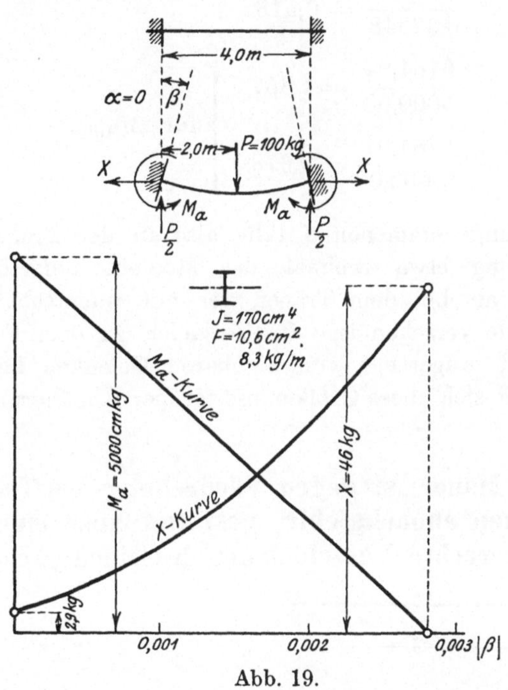

Abb. 19.

Die Längskraft X nimmt also mit $|\beta|$ verhältnismäßig rasch zu. Das Endmoment M_a nimmt mit wachsendem X ungefähr linear ab.

Ist

$$\beta = -0,001,$$

so berechnet sich

$$X = 12 \text{ kg}$$

und

$$y_{\text{Mitte}} = 0,19332 \text{ cm},$$

$$M_{\text{Mitte}} = 6784,04 \text{ cm kg}.$$

In bezug auf § 4 ist

$$\left.\begin{array}{l} \dfrac{0{,}19332}{0{,}093371} = 2{,}070 \\[3ex] \dfrac{0{,}19332}{0{,}37348} = 0{,}518 \end{array}\right\} \text{ für } y_{\text{Mitte}},$$

$$\left.\begin{array}{l} \dfrac{6784{,}04}{5000{,}00} = 1{,}357 \\[3ex] \dfrac{6784{,}04}{10000{,}00} = 0{,}678 \end{array}\right\} \text{ für } M_{\text{Mitte}}.$$

Bei dem angenommenen β fällt also in der Trägermitte die Durchbiegung etwa zweimal, das Moment anderthalbmal so groß aus, als bei dem Träger, der mit wagerecht verschiebbarem Ende versehen ist. Im Vergleich zu dem Fall, wo der Träger mit wagerecht verschiebbaren Gelenken befestigt ist, vermindern sich diese Größen mit grober Annäherung auf 0,5.

§ 11. Die Mauer ist gegen Verdrehung des Trägerendes vollkommen unnachgiebig, gestattet aber eine gewisse wagerechte Verschiebung desselben (Abb. 20).

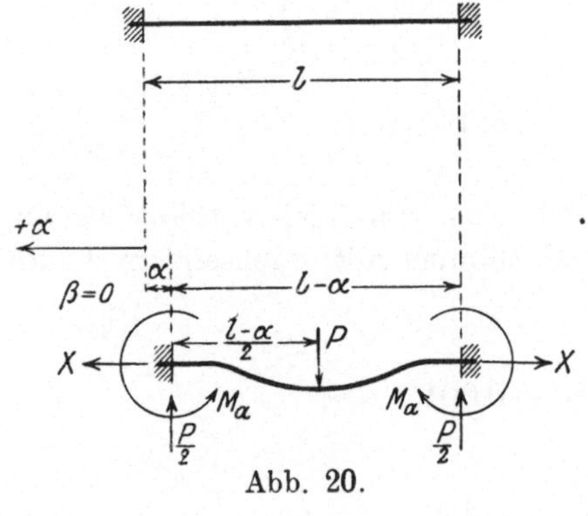

Das zu Anfang von § 10 für β Gesagte gilt hier für α. Es ist $\beta = 0$. Gl. (8a) liefert für X

Abb. 20.

$$(37) \quad \frac{2 + \mathfrak{Cof}\,\omega - \dfrac{3\,\mathfrak{Sin}\,\omega}{\omega}}{\omega^6\,\mathfrak{Cof}^2\dfrac{\omega}{2}} + \frac{256\,\alpha\,K^2\,J^2}{P^2\,\omega^2\,(l+\alpha)^5} - \frac{1024\,K^2\,J^3}{P^2\,F\,(l+\alpha)^6} = 0.$$

Ferner erhält man

$$(38) \quad \begin{cases} y_{\text{Mitte}} = \dfrac{P(l+\alpha)}{2\,\omega\,X}\left[\dfrac{\omega}{2} - \mathfrak{Tg}\,\dfrac{\omega}{2}\right], \\[2em] M_{\text{Mitte}} = \dfrac{P(l+\alpha)}{4\,\omega}\,\mathfrak{Tg}\,\dfrac{\omega}{2}. \end{cases}$$

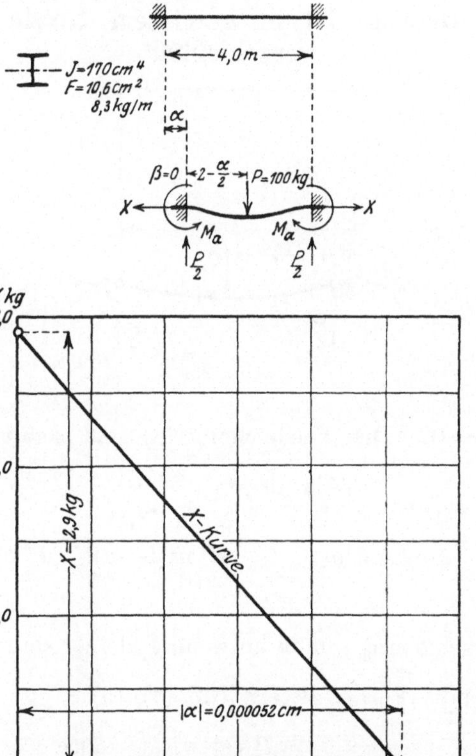

Abb. 21.

Zur Erläuterung diene folgendes Zahlenbeispiel:
Ist $\alpha = -0,00003$ cm, so beträgt

$$X = 1,2 \text{ kg,}$$

$$y_{\text{Mitte}} = 0,093369 \text{ cm,}$$

$$M_{\text{Mitte}} = 4999,94 \text{ cm/kg.}$$

38   Das Einmauerungsmaterial ist in gewissem Grade nachgiebig.

Mit Rücksicht auf § 4 ist zu bemerken, daß die angenommene
Bedingung keinen wesentlichen Einfluß auf die letzten zwei
Größen ausübt (vgl. § 4 den Fall $X = 0$, $\beta = 0$). In Abb. 21
ist die X-Kurve als Funktion der Verschiebung α dargestellt.

§ 12. Der Träger ist beiderseits gelenkartig befestigt; eines der Gelenke ist in gewissem Grade wagerecht verschiebbar.

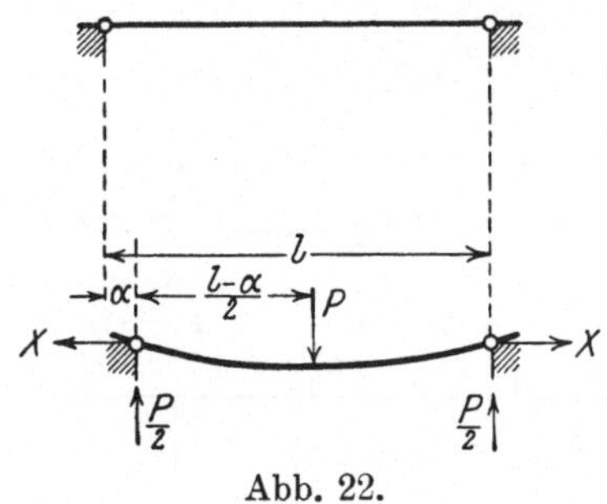

Abb. 22.

Ist $M_a = 0$. Die X-Gleichung (8) geht somit in

$$(39) \quad \frac{2 + \mathfrak{Cof}\, 2\omega - \dfrac{3\,\mathfrak{Sin}\, 2\omega}{2\omega}}{(2\omega)^6\,\mathfrak{Cof}^2\,\omega} + \frac{4\,\alpha\, K^2 J^2}{P^2\,\omega^2\,(l+\alpha)^5} - \frac{16\, K^2 J^3}{P^2\, F\,(l+\alpha)^6} = 0$$

über.

Die Verschiebung α muß notwendig kleiner sein als $\dfrac{P^2\, l^5}{960\, E^2 J^2}$
[vgl. Gl. (11)]. Ferner liefern Gln. (4), (5)

$$(40) \quad \begin{cases} y_{\text{Mitte}} = \dfrac{P\,(l+\alpha)}{4\,X}\left[1 - \dfrac{\mathfrak{Tg}\,\omega}{\omega}\right], \\[2ex] M_{\text{Mitte}} = \dfrac{P\,(l+\alpha)}{4\,\omega}\,\mathfrak{Tg}\,\omega. \end{cases}$$

Nimmt man bei dem in § 4 angegebenen Doppel-T-Träger
$\alpha = -\,0{,}0002$ cm an, so erhält man aus Gl. (39)

$$X = 35 \text{ kg.}$$

Die Kraft X läßt sich also, wenn α ein Viertel seines Grenzwertes 0,00084 cm (s. § 4) beträgt, nur auf $\dfrac{35}{46} \sim 0{,}76$ ihres Größtwertes vermindern.

Man bekommt ferner

$$y_{\text{Mitte}} = 0{,}37345 \text{ cm},$$

$$M_{\text{Mitte}} = 9986{,}93 \text{ cm kg}.$$

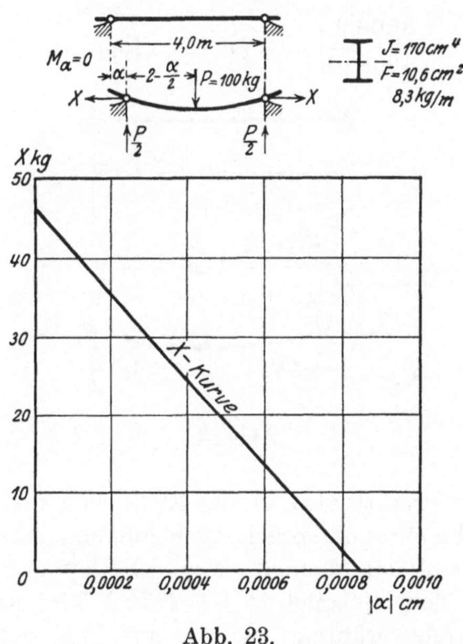

Abb. 23.

In Abb. 23 ist die X-Kurve als Funktion der Verschiebung α dargestellt. Wir erkennen daraus, daß die Gelenkkraft mit der Verschiebung etwa gleichmäßig abnimmt.

§ 13. Die Mauer ist sowohl für wagerechte Verschiebung als für Verdrehung des Trägers in gewissem Grade nachgiebig (Abb. 24).

Gln. (5 a), (9) und (8 a) gelten hierbei ohne weiteres. Es sei beispielsweise $\alpha = -\,0{,}00002$ cm, $\beta = -\,0{,}002$.

Mit den in § 4 angegebenen Zahlenwerten berechnet man

$$X = 27 \text{ kg},$$
$$y_{\text{Mitte}} = 0{,}293\,31 \text{ cm},$$
$$M_{\text{Mitte}} = 8566{,}93 \text{ cm kg}.$$

In bezug auf § 7 wird

$$\frac{0{,}293\,31}{0{,}093\,368} = 3{,}14 \ \text{für} \ y_{\text{Mitte}},$$

$$\frac{8566{,}93}{4999{,}86} = 1{,}71 \ \text{für} \ M_{\text{Mitte}}.$$

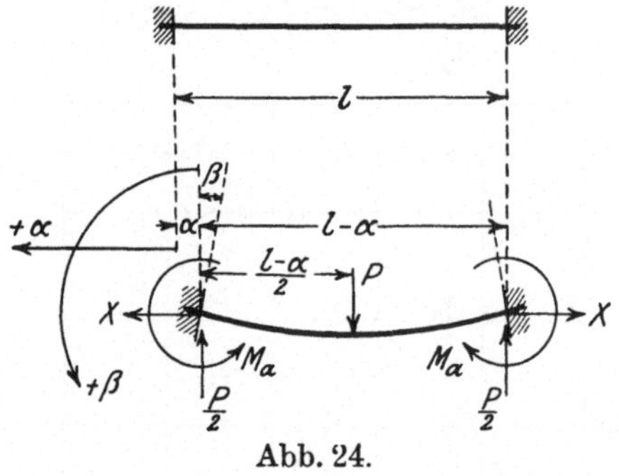

Abb. 24.

Der Träger erfährt also in der Mitte eine dreimal so große
Senkung wie die eines entsprechenden vollkommen eingespannten
Trägers, während das Moment etwa das Doppelte beträgt. Im
Vergleich mit dem Beispiel in § 6 fällt X hier ungefähr zehn-
mal so groß aus, während es, da das Trägerende einer gewissen wagerechten Verschiebung unterworfen ist, im Gegen-
teil einen kleineren Wert erhalten müßte. Es ist leicht zu
erkennen, daß dieser Unterschied nur durch die Voraussetzung
$\beta = -\,0{,}002$ hervorgebracht ist; die Verdrehung β kann also,
wie ersichtlich, einen bedeutenden Einfluß auf die Vermehrung
der Gelenkkraft ausüben.

§ 14. Zusammenfassung der Rechnungsergebnisse.

Der Übersichtlichkeit halber mögen die gewonnenen Ergeb-
nisse für die gewählten Zahlenbeispiele folgendermaßen angegeben
werden:

$J = 170\ \text{cm}^4$

$F = 10{,}6\ \text{cm}^2$

$8{,}3\ \text{kg/m}$

$E = 2\,100\,000\ \text{kg/cm}^2$

	Gelenk A wagerecht vollkommen verschiebbar	Gelenk A in gewissem Grade verschiebbar	Gelenk A vollkommen starr	Ende A in gewissem Grade verschiebbar und verdrehbar	Ende A in gewissem Grade verdrehbar	Ende A wagerecht vollkommen verschiebbar	Ende A in gewissem Grade verschiebbar	Ende A vollkommen starr
	$M_a = 0$ $X = 0$	$M_a = 0$ $\alpha = -0{,}0002$ cm	$M_a = 0$ $\alpha = 0$	$\alpha = -0{,}00002$ $\beta = -0{,}002$	$\alpha = 0$ $\beta = -0{,}001$	$\beta = 0$ $X = 0$	$\beta = 0$ $\alpha = -0{,}00003$	$\alpha = 0$ $\beta = 0$
y_{Mitte} cm	0,37348	0,37345	0,37280	0,29331	0,19332	0,093371	0,093369	0,093368
M_{Mitte} cm kg	10000,00	9986,93	9982,87	8566,93	6784,04	5000,00	4999,94	4999,86
X kg	0	35	46	27	12	0	1,2	2,9

Um den Vergleich zu erleichtern, fügen wir noch folgende Tafel hinzu, in welcher z. B. unter Angabe I y_{Mitte}, M_{Mitte} für den Fall $M_a = 0$, $X = 0$ als Einheit angenommen wurde.

I	Gelenk A wagerecht vollkommen verschiebbar ($X=0$, $M_a=0$)	y_{Mitte}	1,0	0,999920	0,998179	0,785343	0,517618	0,250003	0,249997	0,249995
		M_{Mitte}	1,0	0,998693	0,998287	0,856693	0,678404	0,50000	0,499994	0,499986
II	Ende A wagerecht vollkommen verschiebbar ($X=0$, $\beta=0$)	y_{Mitte}	3,999957	3,999636	3,992674	3,141339	2,070450	1,0	0,999979	0,999968
		M_{Mitte}	2,000000	1,997386	1,996574	1,713386	1,356808	1,0	0,999988	0,999972
III	Ende A vollkommen starr ($\alpha=0$, $\beta=0$)	y_{Mitte}	4,000086	3,999764	3,992803	3,141440	2,070517	1,000032	1,000011	1,0
		M_{Mitte}	2,000056	1,997442	1,996630	1,713434	1,356846	1,000028	1,000016	1,0

Die einzelnen Zahlen der Tafel sind der vorigen Tabelle entsprechend aufzufassen.

§ 15. Nachbemerkungen.

In den vorhergehenden Paragraphen betrachteten wir die Verschiebungen α, β als beliebig angenommene Größen und zwar als solche, welche sowohl voneinander als auch von den äußeren Kräften, wozu auch X und M_a zählen, ganz un- abhängig sind. Dies trifft in Wirklichkeit natürlich nicht zu, wenn der Träger mit der Mauer gewissen Verschiebungen unterliegt. Eine nähere Erklärung des wirklichen Zustandes könnte also nur dadurch erfolgen, daß man die Verschiebungen α, β als Funktionen aller übrigen Größen betrachtet. Am einfachsten möge

$$(41) \qquad \begin{cases} \alpha = k_1 X, \\ \beta = k_2 M_a \end{cases}$$

gesetzt werden, wenn unter k_1, k_2 zwei Erfahrungszahlen verstanden sind. Bei weiterer Vervollständigung der Theorie in dieser Hinsicht kann die vorliegende Arbeit zweifellos als Grundlage dienen.

Unsere Formeln sind daher in sich unvollkommen, sie bedürfen einer weiteren Behandlung. Um sie in Anwendung bringen zu können, müssen die Verschiebungen α, β im einzelnen Fall mit irgendwelchen Meßinstrumenten hinreichend genau beobachtet werden.

IV. Der Träger ist gleichmäßig beschwert.

§ 16. Allgemeine Gleichungen.

Schließlich mögen die Formeln für den Fall beigefügt werden, bei dem sich die Einzellast P über die ganze Spannweite verteilen läßt (Abb. 25).

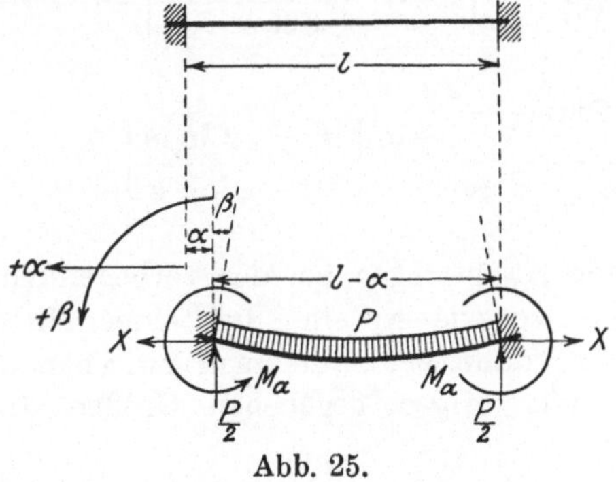

Abb. 25.

Es ist

$$q = \frac{P}{l+\alpha}.$$

Analog zu § 1 erhält man für die elastische Linie die Gleichung

$$y = C_1\, e^{\frac{2\,\omega\,x}{l+\alpha}} + C_2\, e^{-\frac{2\,\omega\,x}{l+\alpha}} + \frac{Px}{2X} - \frac{qx^2}{2X} - \frac{M_a}{X} - \frac{qKJ}{X^2},$$

worin

$$\omega = \frac{l+\alpha}{2}\sqrt{\frac{X}{KJ}}.$$

Aus den Bedingungen $y = 0$ für $x = 0$ und $\dfrac{dy}{dx} = 0$ für

$x = \dfrac{l+\alpha}{2}$ berechnet man

$$C_1 = \frac{XM_a + qKJ}{2X^2\,\mathfrak{Cof}\,\omega}\,[\mathfrak{Cof}\,\omega - \mathfrak{Sin}\,\omega],$$

$$C_2 = \frac{XM_a + qKJ}{2X^2\,\mathfrak{Cof}\,\omega}\,[\mathfrak{Cof}\,\omega + \mathfrak{Sin}\,\omega].$$

Es folgt somit:

$$(42)\quad y = \frac{Px}{2X}\left[1 - \frac{x}{l+\alpha}\right] - \left[\frac{M_a}{X} + \frac{PKJ}{X^2(l+\alpha)}\right]\left[1 - \frac{\mathfrak{Cof}\left(\dfrac{2\,x\,\omega}{l+\alpha} - \omega\right)}{\mathfrak{Cof}\,\omega}\right]$$

und

$$(43)\quad \begin{cases} M = \dfrac{PKJ}{X(l+\alpha)}\left[1 - \dfrac{\mathfrak{Cof}\left(\dfrac{2\,x\,\omega}{l+\alpha} - \omega\right)}{\mathfrak{Cof}\,\omega}\right] - \dfrac{M_a\,\mathfrak{Cof}\left(\dfrac{2\,x\,\omega}{l+\alpha} - \omega\right)}{\mathfrak{Cof}\,\omega}, \\[3em] Q = \dfrac{\mathfrak{Sin}\left(\omega - \dfrac{2\,x\,\omega}{l+\alpha}\right)}{\mathfrak{Cof}\,\omega}\left[\dfrac{P}{2\,\omega} + \dfrac{2\,M_a\,\omega}{l+\alpha}\right]. \end{cases}$$

Wählt man den Hauptträger bei der vorliegenden gleichmäßig verteilten Last, so wie wir ihn bei einer Mittellast in § 5 gefunden haben, dann bekommt man zwischen den Verschiebungen α, β und übrigen gegebenen Größen die zwei Gleichungen:

$$(44)\begin{cases}\dfrac{P^2}{96\,\mathfrak{Sin}^2\,\omega}\left[4\,\mathfrak{Sin}^2\,\omega-\dfrac{9\,\mathfrak{Sin}\,2\,\omega}{\omega}+\dfrac{24\,\mathfrak{Sin}^2\,\omega}{\omega^2}-6\right]\\[2ex]
-\dfrac{P\,X\,\beta}{8\,\mathfrak{Sin}^2\,\omega}\left[2+\dfrac{\mathfrak{Sin}\,2\,\omega}{\omega}-\dfrac{4\,\mathfrak{Sin}^2\,\omega}{\omega^2}\right]+\dfrac{X^2\,\beta^2}{8\,\mathfrak{Sin}^2\,\omega}\left[\dfrac{\mathfrak{Sin}\,2\,\omega}{\omega}-2\right]\\[2ex]
\qquad\qquad -\dfrac{X^3}{KF}+\dfrac{\alpha\,X^2}{l+\alpha}=0,\\[2ex]
M_a=\dfrac{P\,(l+\alpha)}{4\,\omega^2}\left[\dfrac{\omega}{\mathfrak{Tg}\,\omega}-1\right]+\dfrac{\beta\,X\,(l+\alpha)}{2\,\omega\,\mathfrak{Tg}\,\omega}.\end{cases}$$

§ 17. Der Träger ist vollkommen eingespannt.

Man nehme als äußere Kraft nur die verteilte Last q an; X, M_a werden als von der erfolgten Formänderung herrührend angesehen. Dann gelten die obigen Gleichungen, wenn darin $\alpha=0$, $\beta=0$ gesetzt wird. Sie rechnen sich um zu:

$$(45)\begin{cases}\dfrac{P^2}{96\,\mathfrak{Sin}^2\,\omega}\left[4\,\mathfrak{Sin}^2\,\omega-\dfrac{9\,\mathfrak{Sin}\,2\,\omega}{\omega}+\dfrac{24\,\mathfrak{Sin}^2\,\omega}{\omega^2}-6\right]-\dfrac{X^3}{KF}=0,\\[2ex]
\qquad M_a=\dfrac{P\,l}{4\,\omega^2}\left[\dfrac{\omega}{\mathfrak{Tg}\,\omega}-1\right],\\[2ex]
\text{wenn}\\[1ex]
\qquad \omega=\dfrac{l}{2}\sqrt{\dfrac{X}{KJ}}.\end{cases}$$

Die erste Gleichung gestaltet sich weiter zu

$$(46)\quad \dfrac{1}{\omega^6\,\mathfrak{Sin}^2\,\omega}\left[4\,\mathfrak{Sin}^2\,\omega-\dfrac{9\,\mathfrak{Sin}\,2\,\omega}{\omega}+\dfrac{24\,\mathfrak{Sin}^2\,\omega}{\omega^2}-6\right]$$
$$-\dfrac{6144\,K^2\,J^3}{P^2\,F\,l^6}=0.$$

Das erste Glied ist in der Tabelle 4 zahlenmäßig angegeben.

Setzt man in Gl. (42) $M_a=\dfrac{P\,l}{4\,\omega^2}\left[\dfrac{\omega}{\mathfrak{Tg}\,\omega}-1\right]$, $\quad\alpha=0$, so erhält man

$$(47)\quad y=\dfrac{P}{2\,X}\left[x\left(1-\dfrac{x}{l}\right)-\dfrac{l\,\mathfrak{Sin}\left(\dfrac{x\,\omega}{l}\right)\mathfrak{Sin}\left(\omega-\dfrac{x\,\omega}{l}\right)}{\omega\,\mathfrak{Sin}\,\omega}-\right]$$

und ferner

$$(48) \qquad y_{\text{Mitte}} = \frac{Pl}{8\,X}\left[1 - \frac{\mathfrak{Tg}\,\dfrac{\omega}{2}}{\dfrac{\omega}{2}}\right].$$

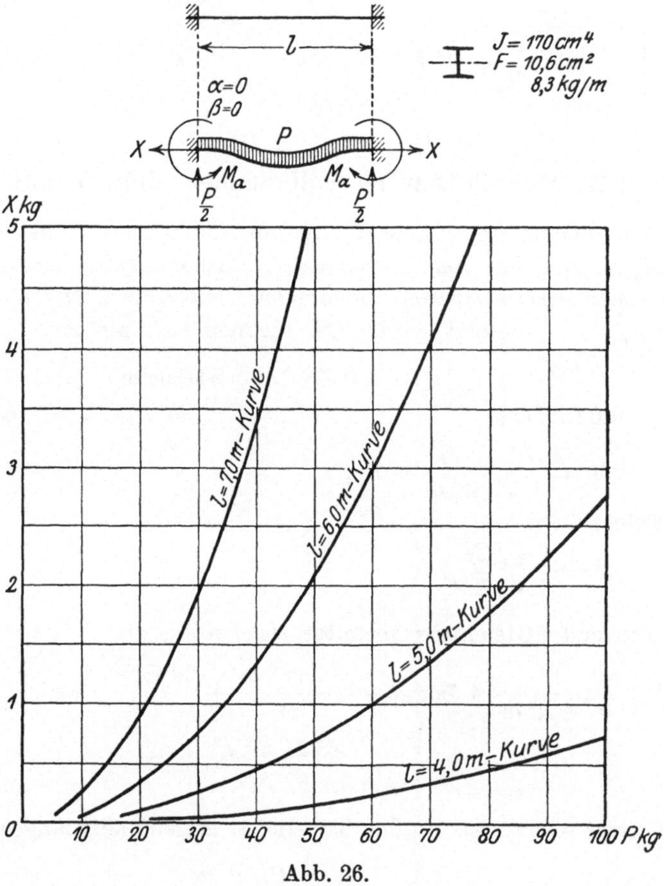

Abb. 26.

Der Ausdruck für M (Gl. 43) vereinfacht sich in

$$(49) \qquad M = \frac{Pl}{4\,\omega^2}\left[1 - \frac{\omega\,\mathfrak{Cof}\left(\dfrac{2\,x\,\omega}{l} - \omega\right)}{\mathfrak{Sin}\,\omega}\right].$$

Daraus folgt:

$$(50) \qquad M_{\text{Mitte}} = \frac{Pl}{4\,\omega^2}\left[1 - \frac{\omega}{\mathfrak{Sin}\,\omega}\right].$$

Es sei beispielsweise $q = \dfrac{100}{400} = 0{,}25\ \text{kg/cm}$.

Mit den Zahlenwerten in § 4 berechnet sich

$$X = 0{,}74\ \text{kg},$$
$$y_{\text{Mitte}} = 0{,}04662\ \text{cm},$$
$$M_{\text{Mitte}} = 1666{,}64\ \text{cm kg}.$$

Im Vergleich mit den Ergebnissen in § 7 vermindert sich die Kraft X etwa auf 25 v. H., die Mittelsenkung etwa auf 50 v. H. und das Moment M_{Mitte} auf 30 v. H.

Wir nehmen jetzt bei den in § 4 angegebenen Werten von J, F, E die Größe l als veränderlich an. Die X-Kurve ist in Abb. 26 für $l = 400$, 500, 600 und 700 cm entworfen.

Die Vergrößerung der Spannweite hat also eine bedeutende Zunahme der Kraft X zur Folge.

§ 18. Eines der Einmauerungsenden ist wagerecht verschiebbar
(Abb. 27).

Es ist $\beta = 0$, $X = 0$. Mit bezug auf Gl. (44) erhält man

$$(51) \qquad \begin{cases} \alpha_b \sim \dfrac{P^2 l^5}{60480\,E^2 J^2}, \\[2mm] M_a \sim \dfrac{Pl}{12}. \end{cases}$$

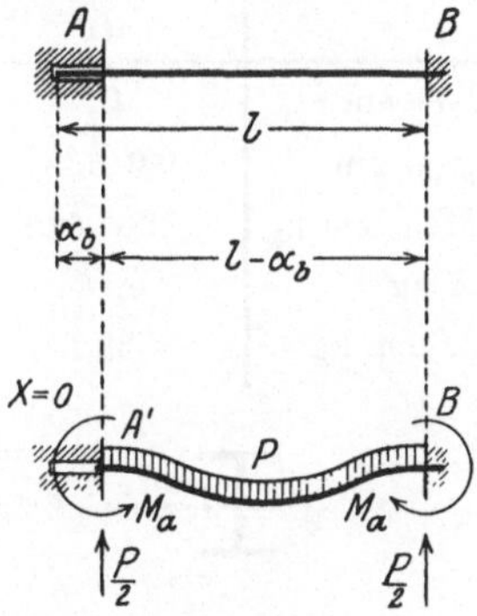

Gln. (48), (50) liefern

Abb. 27.

$$(52) \quad \begin{cases} y_{\text{Mitte}} = \lim\limits_{X=0}\dfrac{P(l-\alpha_b)}{8X}\left[1 - \dfrac{\mathfrak{Tg}\,\dfrac{\omega}{2}}{\dfrac{\omega}{2}}\right] = \dfrac{Pl^3}{384\,EJ}\left[1 - \dfrac{P^2 l^4}{60480\,E^2 J^2}\right]^3, \\[6mm] M_{\text{Mitte}} = \lim\limits_{X=0}\dfrac{P(l-\alpha_b)}{4\,\omega^2}\left[1 - \dfrac{\omega}{\mathfrak{Sin}\,\omega}\right] = \dfrac{Pl}{24}\left[1 - \dfrac{P^2 l^4}{60480\,E^2 J^2}\right]. \end{cases}$$

48   Der Träger ist gleichmäßig beschwert.

Mit den in § 4 angegebenen Zahlenwerten berechnet sich

$$\alpha_a = 0{,}000013 \ \text{cm},$$
$$M_a = 3333{,}33 \ \text{cm kg},$$
$$y_{\text{Mitte}} = 0{,}04669 \ \text{cm},$$
$$M_{\text{Mitte}} = 1666{,}67 \ \text{cm kg}.$$

Mit Rücksicht auf § 4 sieht man, daß diese Größen ohne Ausnahme eine beträchtliche Verminderung erfahren; der Träger ist also bei gleichmäßig verteilter Last weniger beansprucht, als wenn sich die Last in der Trägermitte konzentriert.

Die folgende Tafel erlaubt einen Vergleich der Rechnungsergebnisse beider Belastungsarten:

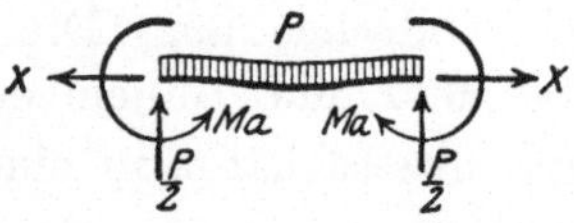

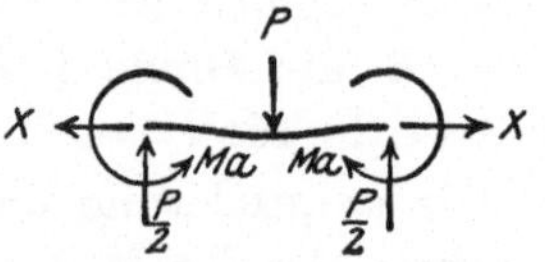

Für	$\alpha = 0$, $\beta = 0$	$X = 0$, $\beta = 0$	$\alpha = 0$, $\beta = 0$	$X = 0$, $\beta = 0$
$\lvert \alpha \rvert$ cm	0	0,000013	0	0,000052
y_{Mitte} cm	0,04662	0,04669	0,093368	0,093371
M_{Mitte} cm kg	1666,64	1666,67	4999,86	5000,00
X kg	0,74	0	2,9	0 .
M_a cm kg	3333,13	3333,33	4999,86	5000,00

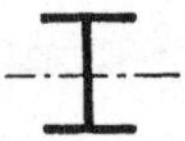

$$J = 170 \ \text{cm}^4 \qquad E = 2\,100\,000 \ \text{kg/cm}^2$$
$$F = 10{,}6 \ \text{cm}^2 \qquad P = 100 \ \text{kg}$$
$$8{,}3 \ \text{kg/m} \qquad l = 4{,}0 \ \text{m}.$$

Sämtliche Formeln, zu denen wir in den vorhergehenden Paragraphen gelangten, enthalten transzendente Größen und gestatten leider keinen leicht erfaßbaren Schluß zu ziehen. Wir begnügen uns daher mit einer übersichtlichen Zusammenstellung der graphischen Darstellungen, die wir im Verlauf der Abhandlung für einen bestimmten Träger aufgestellt haben (Abb. 28).

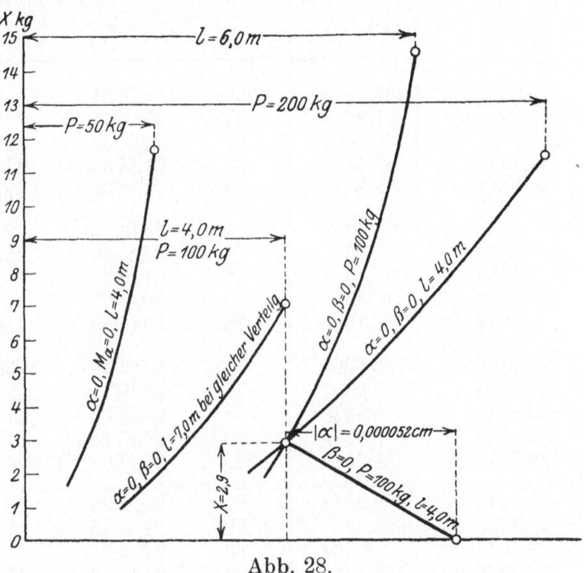

Abb. 28.

Tabelle 3.

ω	$\dfrac{\mathrm{Sin}\,\omega - \omega}{\omega^5\,\mathrm{Cof}^2\,\frac{\omega}{2}}$	$\dfrac{\mathrm{Sin}\,2\omega - 2\omega}{\omega^3\,\mathrm{Sin}^2\,\omega}$	ω	$\dfrac{\mathrm{Sin}\,\omega - \omega}{\omega^5\,\mathrm{Cof}^2\,\frac{\omega}{2}}$	$\dfrac{\mathrm{Sin}\,2\omega - 2\omega}{\omega^3\,\mathrm{Sin}^2\,\omega}$
0	∞	∞			
0,001	166 666,6333	1 333 333,6000	0,016	651,0083	5 208,1545
2	41 666,6333	333 333,6000	17	576,6679	4 613,4330
3	18 518,4851	148 148,4148	18	514,3700	4 115,0485
4	10 416,6333	83 333,6000	19	461,6472	3 693,2668
5	6 666,6333	53 333,1733	0,020	416,6333	3 333,1559
6	4 629,5963	37 036,8922	21	377,8956	3 023,2540
7	3 401,3272	27 210,7068	22	344,3193	2 754,6431
8	2 604,6333	20 833,1443	23	315,0265	2 520,3011
9	2 057,5798	16 460,7249	24	289,3185	2 314,6371
0,010	1 666,6333	13 333,1600	25	266,6333	2 133,1556
11	1 377,3771	11 019,1042	26	246,5150	1 972,2089
12	1 157,3741	9 259,0823	27	228,5903	1 828,8116
13	986,1600	7 889,3695	28	212,5517	1 700,5045
14	850,3068	6 802,5435	29	198,1434	1 585,2364
15	740,7074	5 925,7475	0,030	185,1518	1 481,3038

Tabelle 3 (Fortsetzung).

ω	$\dfrac{\mathfrak{Sin}\,\omega-\omega}{\omega^5\,\mathfrak{Cof}^2\,\frac{\omega}{2}}$	$\dfrac{\mathfrak{Sin}\,2\,\omega-2\,\omega}{\omega^3\,\mathfrak{Sin}^2\,\omega}$	ω	$\dfrac{\mathfrak{Sin}\,\omega-\omega}{\omega^5\,\mathfrak{Cof}^2\,\frac{\omega}{2}}$	$\dfrac{\mathfrak{Sin}\,2\,\omega-2\,\omega}{\omega^3\,\mathfrak{Sin}^2\,\omega}$
0,031	173,3971	1 387,2659	0,066	38,2281	305,9135
32	162,7271	1 301,9055	67	37,0945	296,8447
33	153,0123	1 224,1871	68	36,0105	288,1730
34	144,1420	1 153,2280	69	34,9733	279,8756
35	136,0211	1 088,2576	0,070	33,9803	271,9310
36	128,5675	1 028,6288	71	33,0289	264,3201
37	121,7100	973,7692	72	32,1169	257,0240
38	115,3868	923,1832	73	31,2421	250,0256
39	109,5437	876,4385	74	30,4025	243,3091
0,040	104,1333	833,1556	75	29,5963	236,8594
41	99,1140	793,0009	76	28,8217	230,6626
42	94,4489	755,6801	77	28,0771	224,7057
43	90,1055	720,9328	78	27,3609	218,9764
44	86,0548	688,5275	79	26,6718	213,4634
45	82,2712	658,2585	0,080	26,0084	208,1557
46	78,7316	629,9412	81	25,3693	203,0434
47	75,4156	603,4137	82	24,7535	198,1106
48	72,3046	578,5264	83	24,1598	193,3677
49	69,3822	555,1465	84	23,5873	188,7869
0,050	66,6333	533,1556	85	23,0347	184,3668
51	64,0446	512,4456	86	22,5014	180,1000
52	61,6038	492,4456	87	21,9863	175,9795
53	59,2998	474,4871	88	21,4887	171,9987
54	57,1226	457,0697	89	21,0078	168,1513
55	55,0631	440,5937	0,090	20,5428	164,4315
56	53,1129	424,9924	91	20,0931	160,8336
57	51,2645	410,1742	92	19,6579	157,3524
58	49,5109	396,1758	93	19,2368	153,9828
59	47,8457	382,8540	94	18,8289	150,7211
0,060	46,2630	370,1972	95	18,4339	147,5602
61	44,7575	358,1489	96	18,0512	144,4984
62	43,3243	346,6832	97	17,6802	141,5308
63	41,9588	335,7592	98	17,3206	138,6535
64	40,6568	325,3432	99	16,9718	135,8630
65	39,4144	315,4042	0,100	16,6334	133,1558
			∞	0	0

Tabelle 4.

ω	$\dfrac{4\operatorname{Sin}^2\omega + \dfrac{24\operatorname{Sin}^2\omega}{\omega^2} - \dfrac{9\operatorname{Sin}2\omega}{\omega} - 6}{\omega^6\operatorname{Sin}^2\omega}$	ω	$\dfrac{4\operatorname{Sin}^2\omega + \dfrac{24\operatorname{Sin}^2\omega}{\omega^2} - \dfrac{9\operatorname{Sin}2\omega}{\omega} - 6}{\omega^6\operatorname{Sin}^2\omega}$
0	∞		
0,001	25 396,8	0,041	15,1
2	6 349,2	42	14,4
3	2821,9	43	13,8
4	1587,3	44	13,1
5	1015,9	45	12,5
6	705,5	46	12,0
7	518,3	47	11,5
8	396,8	48	11,0
9	313,5	49	10,6
0,010	254,0	0,050	10,2
11	209,9	51	9,76
12	176,4	52	9,39
13	150,3	53	9,04
14	129,6	54	8,70
15	112,9	55	8,39
16	99,2	56	8,09
17	87,9	57	7,81
18	78,4	58	7,54
19	70,3	59	7,29
0,020	63,5	0,060	7,05
21	57,6	61	6,82
22	52,5	62	6,60
23	48,0	63	6,39
24	44,1	64	6,20
25	40,6	65	6,01
26	37,6	66	5,83
27	34,8	67	5,65
28	32,4	68	5,49
29	30,2	69	5,33
0,030	28,2	0,070	5,18
31	26,4	71	5,03
32	24,8	72	4,89
33	23,3	73	4,76
34	22,0	74	4,63
35	20,7	75	4,51
36	19,6	76	4,39
37	18,5	77	4,28
38	17,6	78	4,12
39	16,7	79	4,06
0,040	15,9	0,080	3,96

Tabelle 4 (Fortsetzung).

ω	$\dfrac{4\operatorname{Sin}^2\omega + \dfrac{24\operatorname{Sin}^2\omega}{\omega^2} - \dfrac{9\operatorname{Sin}2\omega}{\omega} - 6}{\omega^6\operatorname{Sin}^2\omega}$	ω	$\dfrac{4\operatorname{Sin}^2\omega + \dfrac{24\operatorname{Sin}^2\omega}{\omega^2} - \dfrac{9\operatorname{Sin}2\omega}{\omega} - 6}{\omega^6\operatorname{Sin}^2\omega}$
0,081	3,87	0,091	3,06
82	3,77	92	3,00
83	3,68	93	2,93
84	3,59	94	2,87
85	3,51	95	2,81
86	3,43	96	2,75
87	3,35	97	2,69
88	3,27	98	2,64
89	3,20	99	2,59
0,090	3,12	0,100	2,53
		∞	0

Druck von Oscar Brandstetter in Leipzig.

A

$\omega=\frac{l-\alpha}{2}\sqrt{\frac{X}{KJ}}$	$\omega=\frac{l}{2}\sqrt{\frac{X}{KJ}}$	$\omega=0$
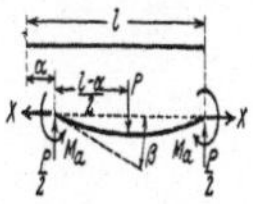 X-Gleichung: $\frac{\mathfrak{Cos}\,\omega-\frac{3\,\mathfrak{Sin}\,\omega}{\omega}}{\omega^6\,\mathfrak{Cos}^2\frac{\omega}{2}}+\frac{8\beta KJ[\mathfrak{Sin}\,\omega-\omega]}{P(l-\alpha)^2\omega^5\,\mathfrak{Cos}^2\frac{\omega}{2}}+\frac{32\beta^2K^2J^2[\mathfrak{Sin}\,2\omega-2\omega]}{P^2(l-\alpha)^4\omega^3\,\mathfrak{Sin}^2\omega}$ $-\frac{1024\,K^2J^3}{P^2(l-\alpha)^6F}-\frac{256\,\alpha K^2J^2}{P^2(l-\alpha)^5\omega^2}=0$ *) $y=\frac{P}{2X}\left[x-\frac{(l-\alpha)\,\mathfrak{Sin}\frac{x\omega}{l-\alpha}\,\mathfrak{Cos}\left(\frac{\omega}{2}-\frac{\omega x}{l-\alpha}\right)}{\omega\,\mathfrak{Cos}\frac{\omega}{2}}\right]-\frac{\beta(l-\alpha)\,\mathfrak{Sin}\frac{x\omega}{l-\alpha}\,\mathfrak{Sin}\left(\frac{x\omega}{l-\alpha}-\omega\right)}{\omega\,\mathfrak{Sin}\,\omega}$ $y_{\text{Mitte}}=\frac{P(l-\alpha)}{2\omega X}\left[\frac{\omega}{2}-\mathfrak{Tg}\frac{\omega}{2}\right]+\frac{\beta(l-\alpha)\,\mathfrak{Tg}\frac{\omega}{2}}{2\omega}$ $M=\frac{P(l-\alpha)\,\mathfrak{Sin}\left(\frac{2x\omega}{l-\alpha}-\frac{\omega}{2}\right)}{4\omega\,\mathfrak{Cos}\frac{\omega}{2}}+\frac{2\beta\omega KJ\,\mathfrak{Cos}\left(\omega-\frac{2x\omega}{l-\alpha}\right)}{(l-\alpha)\,\mathfrak{Sin}\,\omega}$ $M_a=\frac{P(l-\alpha)}{4\omega}\mathfrak{Tg}\frac{\omega}{2}-\frac{2\omega KJ\beta}{(l-\alpha)\,\mathfrak{Tg}\,\omega}$ $Q=\frac{P\,\mathfrak{Cos}\left(\frac{2x\omega}{l-\alpha}-\frac{\omega}{2}\right)}{2\,\mathfrak{Cos}\frac{\omega}{2}}-\frac{\beta X\,\mathfrak{Sin}\left(\omega-\frac{2x\omega}{l-\alpha}\right)}{\mathfrak{Sin}\,\omega}$	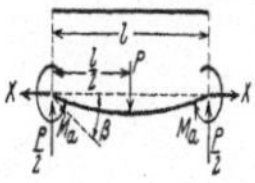 X-Gleichung: $\frac{2+\mathfrak{Cos}\,\omega-\frac{3\,\mathfrak{Sin}\,\omega}{\omega}}{\omega^6\,\mathfrak{Cos}^2\frac{\omega}{2}}+\frac{8\beta KJ(\mathfrak{Sin}\,\omega-\omega)}{Pl^2\omega^5\,\mathfrak{Cos}^2\frac{\omega}{2}}+\frac{32\beta^2K^2J^2(\mathfrak{Sin}\,2\omega-2\omega)}{P^2l^4\omega^3\,\mathfrak{Sin}^2\omega}-\frac{1024\,K^2J^3}{P^2l^6F}=0$ $y=\frac{P}{2X}\left[x-\frac{l\,\mathfrak{Sin}\frac{x\omega}{l}\,\mathfrak{Cos}\left(\frac{\omega}{2}-\frac{x\omega}{l}\right)}{\omega\,\mathfrak{Cos}\frac{\omega}{2}}\right]-\frac{\beta l\,\mathfrak{Sin}\frac{x\omega}{l}\,\mathfrak{Sin}\left(\frac{x\omega}{l}-\omega\right)}{\omega\,\mathfrak{Sin}\,\omega}$ $y_{\text{Mitte}}=\frac{Pl}{2\omega X}\left[\frac{\omega}{2}-\mathfrak{Tg}\frac{\omega}{2}\right]+\frac{\beta l}{2\omega}\mathfrak{Tg}\frac{\omega}{2}$ $M=\frac{Pl\,\mathfrak{Sin}\left(\frac{2x\omega}{l}-\frac{\omega}{2}\right)}{4\omega\,\mathfrak{Cos}\frac{\omega}{2}}+\frac{2\beta\omega KJ\,\mathfrak{Cos}\left(\omega-\frac{2x\omega}{l}\right)}{l\,\mathfrak{Sin}\,\omega}$ $M_a=\frac{Pl}{4\omega}\mathfrak{Tg}\frac{\omega}{2}-\frac{2\omega KJ\beta}{l\,\mathfrak{Tg}\,\omega}$ $Q=\frac{P\,\mathfrak{Cos}\left(\frac{2x\omega}{l}-\frac{\omega}{2}\right)}{2\,\mathfrak{Cos}\frac{\omega}{2}}-\frac{\beta X\,\mathfrak{Sin}\left(\omega-\frac{2x\omega}{l}\right)}{\mathfrak{Sin}\,\omega}$	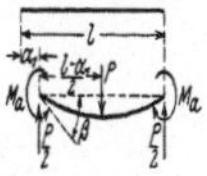 X-Gleichung: $X=0$. $y=\frac{P}{16\,EJ}\left[x^2(l-\alpha_1)-\frac{4x^3}{3}\right]-\frac{\beta(x-l+\alpha_1)x}{l-\alpha_1}$ $y_{\text{Mitte}}=\frac{P(l-\alpha_1)^3}{192\,EJ}+\frac{\beta(l-\alpha_1)}{4}$ $M=\frac{P}{2}x-\frac{P(l-\alpha_1)}{8}+\frac{2\beta EJ}{l-\alpha_1}$ $M_a=\frac{P(l-\alpha_1)}{8}-\frac{2\beta EJ}{l-\alpha_1}$ $Q=\frac{P}{2}$
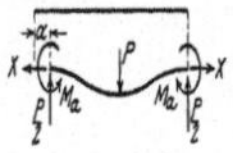 X-Gleichung: $\frac{\mathfrak{Cos}\,\omega-\frac{3\,\mathfrak{Sin}\,\omega}{\omega}}{\omega^6\,\mathfrak{Cos}^2\frac{\omega}{2}}-\frac{1024\,K^2J^3}{P^2(l-\alpha)^6F}-\frac{256\,\alpha K^2J^3}{P^2(l-\alpha)^5\omega^2}=0$ $y=\frac{P}{2X}\left[x-\frac{(l-\alpha)\,\mathfrak{Sin}\left(\frac{x\omega}{l-\alpha}\right)\mathfrak{Cos}\left(\frac{\omega}{2}-\frac{x\omega}{l-\alpha}\right)}{\omega\,\mathfrak{Cos}\frac{\omega}{2}}\right]$ $y_{\text{Mitte}}=\frac{P(l-\alpha)}{2\omega X}\left[\frac{\omega}{2}-\mathfrak{Tg}\frac{\omega}{2}\right]$ $M=\frac{P(l-\alpha)\,\mathfrak{Sin}\left(\frac{2x\omega}{l-\alpha}-\frac{\omega}{2}\right)}{4\omega\,\mathfrak{Cos}\frac{\omega}{2}}$ $M_a=\frac{P(l-\alpha)}{4\omega}\mathfrak{Tg}\frac{\omega}{2}$ $Q=\frac{P\,\mathfrak{Cos}\left(\frac{2x\omega}{l-\alpha}-\frac{\omega}{2}\right)}{2\,\mathfrak{Cos}\frac{\omega}{2}}$	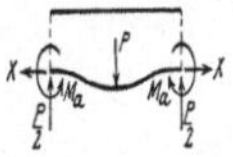 X-Gleichung: $\frac{2+\mathfrak{Cos}\,\omega-\frac{3\,\mathfrak{Sin}\,\omega}{\omega}}{\omega^6\,\mathfrak{Cos}^2\frac{\omega}{2}}-\frac{1024\,K^2J^3}{P^2l^6F}=0$ $y=\frac{P}{2X}\left[x-\frac{l\,\mathfrak{Sin}\frac{x\omega}{l}\,\mathfrak{Cos}\left(\frac{\omega}{2}-\frac{x\omega}{l}\right)}{\omega\,\mathfrak{Cos}\frac{\omega}{2}}\right]$ $y_{\text{Mitte}}=\frac{Pl}{2\omega X}\left[\frac{\omega}{2}-\mathfrak{Tg}\frac{\omega}{2}\right]$ $M=\frac{Pl\,\mathfrak{Sin}\left(\frac{2x\omega}{l}-\frac{\omega}{2}\right)}{4\omega\,\mathfrak{Cos}\frac{\omega}{2}}$ $M_a=\frac{Pl}{4\omega}\mathfrak{Tg}\frac{\omega}{2}$ $Q=\frac{P\,\mathfrak{Cos}\left(\frac{2x\omega}{l}-\frac{\omega}{2}\right)}{2\,\mathfrak{Cos}\frac{\omega}{2}}$	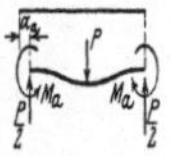 X-Gleichung: $X=0$. $y=\frac{P}{16\,EJ}\left[x^2l\left(1-\frac{P^2l^4}{15360\,E^2J^2}\right)-\frac{4x^3}{3}\right]$ $y_{\text{Mitte}}=\frac{Pl^3}{192\,EJ}\left[1-\frac{P^2l^4}{15360\,E^2J^2}\right]^3$ $M=\frac{P}{2}x-\frac{Pl}{8}\left[1-\frac{P^2l^4}{15360\,E^2J^2}\right]$ $M_a=\frac{Pl}{8}\left[1-\frac{P^2l^4}{15360\,E^2J^2}\right]$ $Q=\frac{P}{2}$. $\alpha_a=\frac{P^2l^5}{15360\,E^2J^2}$
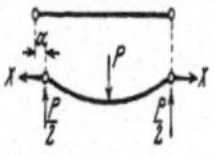 X-Gleichung: $\frac{\mathfrak{Cos}\,2\omega-\frac{3\,\mathfrak{Sin}\,2\omega}{2\omega}}{\omega^6\,\mathfrak{Cos}^2\omega}-\frac{1024\,K^2J^3}{P^2(l-\alpha)^6F}-\frac{256\,\alpha K^2J^2}{P^2(l-\alpha)^5\omega^2}=0$ $y=\frac{P}{2X}\left[x-\frac{(l-\alpha)\,\mathfrak{Sin}\left(\frac{2x\omega}{l-\alpha}\right)}{2\omega\,\mathfrak{Cos}\,\omega}\right]$ $y_{\text{Mitte}}=\frac{P(l-\alpha)}{4X}\left[1-\frac{\mathfrak{Tg}\,\omega}{\omega}\right]$ $M=\frac{P(l-\alpha)\,\mathfrak{Sin}\left(\frac{2x\omega}{l-\alpha}\right)}{4\omega\,\mathfrak{Cos}\,\omega}$ $M_a=0$ $Q=\frac{P\,\mathfrak{Cos}\left(\frac{2x\omega}{l-\alpha}\right)}{2\,\mathfrak{Cos}\,\omega}$	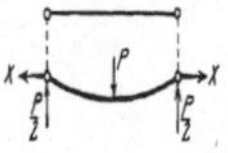 X-Gleichung: $\frac{2+\mathfrak{Cos}\,2\omega-\frac{3\,\mathfrak{Sin}\,2\omega}{2\omega}}{\omega^6\,\mathfrak{Cos}^2\omega}-\frac{1024\,K^2J^3}{P^2l^6F}=0$ $y=\frac{P}{2X}\left[x-\frac{l\,\mathfrak{Sin}\left(\frac{2x\omega}{l}\right)}{2\omega\,\mathfrak{Cos}\,\omega}\right]$ $y_{\text{Mitte}}=\frac{Pl}{4X}\left[1-\frac{\mathfrak{Tg}\,\omega}{\omega}\right]$ $M=\frac{Pl\,\mathfrak{Sin}\left(\frac{2x\omega}{l}\right)}{4\omega\,\mathfrak{Cos}\,\omega}$ $M_a=0$ $Q=\frac{P}{2}\frac{\mathfrak{Cos}\left(\frac{2x\omega}{l}\right)}{\mathfrak{Cos}\,\omega}$	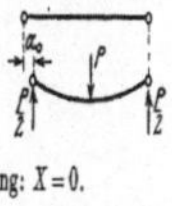 X-Gleichung: $X=0$. $y=\frac{P}{16\,EJ}\left[xl^2\left(1-\frac{P^2l^4}{960\,E^2J^2}\right)^2-\frac{4}{3}x^3\right]$ $y_{\text{Mitte}}=\frac{Pl^3}{48\,EJ}\left[1-\frac{P^2l^4}{960\,E^2J^2}\right]^3$ $M=\frac{P}{2}x$. $M_a=0$ $Q=\frac{P}{2}$. $\alpha_0=\frac{P^2l^5}{960\,E^2J^2}$

*) Hier ist α und β absolut genommen.

beya, Träger.

Verlag von Julius Springer in Berlin.

B

$\omega = \frac{l-\alpha}{2}\sqrt{\frac{X}{KJ}}$	$\omega = \frac{l}{2}\sqrt{\frac{X}{KJ}}$	$\omega = 0$

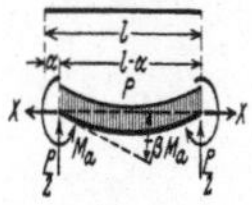

X-Gleichung:

$$\ldots\omega\left[4\,\mathfrak{Sin}^2\omega+\frac{24\,\mathfrak{Sin}^2\omega}{\omega^2}-\frac{9\,\mathfrak{Sin}\,2\omega}{\omega}-6\right]+\frac{PX\beta}{8\,\mathfrak{Sin}^2\omega}\left[2+\frac{\mathfrak{Sin}\,2\omega}{\omega}-\frac{4\,\mathfrak{Sin}^2\omega}{\omega^2}\right]$$

$$-\frac{X^2\beta^2}{8\,\mathfrak{Sin}^2\omega}\left[2-\frac{\mathfrak{Sin}\,2\omega}{\omega}\right]-\frac{X^3}{KF}-\frac{\alpha X^2}{l-\alpha}=0\ ^{*)}$$

$$\frac{Px}{2X}\left[1-\frac{x}{l-\alpha}\right]-\frac{(l-\alpha)\left(\frac{P}{2X}-\beta\right)\mathfrak{Sin}\left(\frac{x\omega}{l-\alpha}\right)\mathfrak{Sin}\left(\omega-\frac{x\omega}{l-\alpha}\right)}{\omega\,\mathfrak{Sin}\,\omega}$$

$$\frac{P(l-\alpha)}{8X}\left[1-\frac{\mathfrak{Tg}\frac{\omega}{2}}{\frac{\omega}{2}}\right]+\frac{\beta(l-\alpha)\,\mathfrak{Tg}\frac{\omega}{2}}{2\omega}$$

$$\frac{P(l-\alpha)}{4\omega^2}\left[1-\frac{\omega\,\mathfrak{Cof}\left(\frac{2x\omega}{l-\alpha}-\omega\right)}{\mathfrak{Sin}\,\omega}\right]+\frac{\beta X(l-\alpha)\,\mathfrak{Cof}\left(\frac{2x\omega}{l-\alpha}-\omega\right)}{2\omega\,\mathfrak{Sin}\,\omega}$$

$$\frac{P(l-\alpha)}{4\omega^2}\left[\frac{\omega}{\mathfrak{Tg}\,\omega}-1\right]-\frac{l-\alpha)X}{2\omega\,\mathfrak{Tg}\,\omega}.\qquad Q=\left[\frac{P}{2}-\beta X\right]\frac{\mathfrak{Sin}\left(\omega-\frac{2x\omega}{l-\alpha}\right)}{\mathfrak{Sin}\,\omega}$$

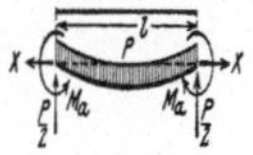

X-Gleichung:

$$\frac{P^2}{96\,\mathfrak{Sin}^2\omega}\left[4\,\mathfrak{Sin}^2\omega+\frac{24\,\mathfrak{Sin}^2\omega}{\omega^2}-\frac{9\,\mathfrak{Sin}\,2\omega}{\omega}-6\right]+\frac{PX\beta}{8\,\mathfrak{Sin}^2\omega}\left[2+\frac{\mathfrak{Sin}\,2\omega}{\omega}-\frac{4\,\mathfrak{Sin}^2\omega}{\omega^2}\right]$$

$$-\frac{X^2\beta^2}{8\,\mathfrak{Sin}^2\omega}\left[2-\frac{\mathfrak{Sin}\,2\omega}{\omega}\right]-\frac{X^3}{KF}=0$$

$$y=\frac{Px}{2X}\left[1-\frac{x}{l}\right]-\frac{l\left(\frac{P}{2X}-\beta\right)\mathfrak{Sin}\left(\frac{x\omega}{l}\right)\mathfrak{Sin}\left(\omega-\frac{x\omega}{l}\right)}{\omega\,\mathfrak{Sin}\,\omega}$$

$$y_{Mitte}=\frac{Pl}{8X}\left[1-\frac{\mathfrak{Tg}\frac{\omega}{2}}{\frac{\omega}{2}}\right]+\frac{\beta l\,\mathfrak{Tg}\frac{\omega}{2}}{2\omega}$$

$$M=\frac{Pl}{4\omega^2}\left[1-\frac{\omega\,\mathfrak{Cof}\left(\frac{2x\omega}{l}-\omega\right)}{\mathfrak{Sin}\,\omega}\right]+\frac{l\beta X\,\mathfrak{Cof}\left(\frac{2x\omega}{l}-\omega\right)}{2\omega\,\mathfrak{Sin}\,\omega}$$

$$M_a=\frac{Pl}{4\omega^2}\left[\frac{\omega}{\mathfrak{Tg}\,\omega}-1\right]-\frac{\beta l X}{2\omega\,\mathfrak{Tg}\,\omega}\qquad Q=\left[\frac{P}{2}-\beta X\right]\frac{\mathfrak{Sin}\left(\omega-\frac{2x\omega}{l}\right)}{\mathfrak{Sin}\,\omega}$$

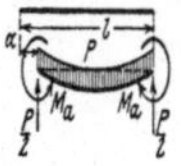

X-Gleichung: $X=0$.

$$y=\frac{P}{24\,EJ}\left[\frac{x^4}{(l-\alpha)}-2x^3+x^2(l-\alpha)\right]+\beta\left[x-\frac{x^2}{(l-\alpha)}\right]$$

$$y_{Mitte}=\frac{P(l-\alpha)^3}{384\,EJ}+\frac{\beta(l-\alpha)}{4}$$

$$M=\frac{P}{2}x-\frac{Px^2}{2(l-\alpha)}-\frac{P(l-\alpha)}{12}+\frac{2\beta EJ}{l-\alpha}$$

$$M_a=\frac{P(l-\alpha)}{12}-\frac{2\beta EJ}{l-\alpha}\qquad Q=\frac{P}{2}-\frac{Px}{l-\alpha}$$

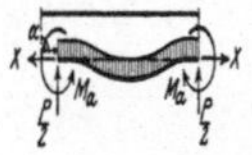

X-Gleichung:

$$\ldots\omega\left[4\,\mathfrak{Sin}^2\omega+\frac{24\,\mathfrak{Sin}^2\omega}{\omega^2}-\frac{9\,\mathfrak{Sin}\,2\omega}{\omega}-6\right]-\frac{X^3}{KF}-\frac{\alpha X^2}{l-\alpha}=0$$

$$\frac{P}{2X}\left[x\left(1-\frac{x}{l-\alpha}\right)-\frac{(l-\alpha)\,\mathfrak{Sin}\left(\frac{x\omega}{l-\alpha}\right)\mathfrak{Sin}\left(\omega-\frac{x\omega}{l-\alpha}\right)}{\omega\,\mathfrak{Sin}\,\omega}\right]$$

$$\frac{P(l-\alpha)}{8X}\left[1-\frac{\mathfrak{Tg}\frac{\omega}{2}}{\frac{\omega}{2}}\right]\qquad M=\frac{P(l-\alpha)}{4\omega^2}\left[1-\frac{\omega\,\mathfrak{Cof}\left(\frac{2x\omega}{l-\alpha}-\omega\right)}{\mathfrak{Sin}\,\omega}\right]$$

$$\frac{P(l-\alpha)}{4\omega^2}\left[\frac{\omega}{\mathfrak{Tg}\,\omega}-1\right]\qquad Q=\frac{P\,\mathfrak{Sin}\left(\omega-\frac{2x\omega}{l-\alpha}\right)}{2\,\mathfrak{Sin}\,\omega}$$

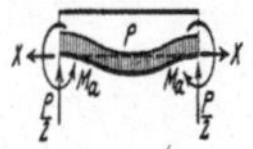

X-Gleichung:

$$\frac{P^2}{96\,\mathfrak{Sin}^2\omega}\left[4\,\mathfrak{Sin}^2\omega+\frac{24\,\mathfrak{Sin}^2\omega}{\omega^2}-\frac{9\,\mathfrak{Sin}\,2\omega}{\omega}-6\right]-\frac{X^3}{KF}=0$$

$$y=\frac{P}{2X}\left[x\left(1-\frac{x}{l}\right)-\frac{l\,\mathfrak{Sin}\frac{x\omega}{l}\,\mathfrak{Sin}\left(\omega-\frac{x\omega}{l}\right)}{\omega\,\mathfrak{Sin}\,\omega}\right]$$

$$y_{Mitte}=\frac{Pl}{8X}\left[1-\frac{\mathfrak{Tg}\frac{\omega}{2}}{\frac{\omega}{2}}\right]\qquad M=\frac{Pl}{4\omega^2}\left[1-\frac{\omega\,\mathfrak{Cof}\left(\frac{2x\omega}{l}-\omega\right)}{\mathfrak{Sin}\,\omega}\right]$$

$$M_a=\frac{Pl}{4\omega^2}\left[\frac{\omega}{\mathfrak{Tg}\,\omega}-1\right]\qquad Q=\frac{P\,\mathfrak{Sin}\left(\omega-\frac{2x\omega}{l}\right)}{2\,\mathfrak{Sin}\,\omega}$$

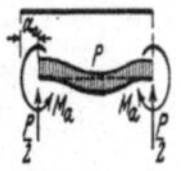

X-Gleichung: $X=0$

$$y=\frac{P}{24\,EJ}\left[\frac{x^4}{(l-\alpha_a)}-2x^3+x^2(l-\alpha_a)\right]$$

$$y_{Mitte}=\frac{P(l-\alpha_a)^3}{384\,EJ}\qquad M=\frac{P}{2}x-\frac{Px^2}{2(l-\alpha_a)}-\frac{P(l-\alpha_a)}{12}$$

$$M_a=\frac{P(l-\alpha_a)}{12}\qquad Q=\frac{P}{2}-\frac{Px}{l-\alpha_a}$$

$$\alpha_a=\frac{P^2 l^5}{60480\,E^2 J^2}$$

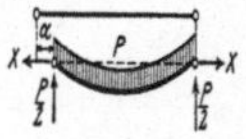

X-Gleichung:

$$\ldots\mathfrak{Cof}^2\omega\left[6+24\,\mathfrak{Cof}^2\omega-4\omega^2\,\mathfrak{Cof}^2\omega-15\frac{\mathfrak{Sin}\,2\omega}{\omega}\right]+\frac{X^3}{KF}+\frac{\alpha X^2}{l-\alpha}=0$$

$$\frac{P}{2X}\left[x-\frac{x^2}{l-\alpha}-\frac{l-\alpha}{2\omega^2}\right]+\frac{P(l-\alpha)\,\mathfrak{Cof}\left(\frac{2x\omega}{l-\alpha}-\omega\right)}{4\omega^2 X\,\mathfrak{Cof}\,\omega}$$

$$\frac{P(l-\alpha)}{4X}\left[\frac{1}{2}-\frac{1}{\omega^2}\left(1-\frac{1}{\mathfrak{Cof}\,\omega}\right)\right]$$

$$\frac{P(l-\alpha)}{4\omega^2}\left[1-\frac{\mathfrak{Cof}\left(\frac{2x\omega}{l-\alpha}-\omega\right)}{\mathfrak{Cof}\,\omega}\right]$$

). $$Q=\frac{P\,\mathfrak{Sin}\left(\omega-\frac{2x\omega}{l-\alpha}\right)}{2\omega\,\mathfrak{Cof}\,\omega}$$

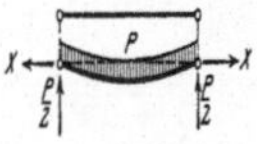

X-Gleichung:

$$\frac{P^2}{96\,\omega^2\,\mathfrak{Cof}^2\omega}\left[6+24\,\mathfrak{Cof}^2\omega-4\omega^2\,\mathfrak{Cof}^2\omega-\frac{15\,\mathfrak{Sin}\,2\omega}{\omega}\right]+\frac{X^3}{KF}=0$$

$$y=\frac{P}{2X}\left[x-\frac{x^2}{l}-\frac{l}{2\omega^2}\right]+\frac{Pl\,\mathfrak{Cof}\left(\frac{2x\omega}{l}-\omega\right)}{4\omega^2 X\,\mathfrak{Cof}\,\omega}$$

$$y_{Mitte}=\frac{Pl}{4X}\left[\frac{1}{2}-\frac{1}{\omega^2}\left(1-\frac{1}{\mathfrak{Cof}\,\omega}\right)\right]\qquad M=\frac{Pl}{4\omega^2}\left[1-\frac{\mathfrak{Cof}\left(\frac{2x\omega}{l}-\omega\right)}{\mathfrak{Cof}\,\omega}\right]$$

$$M_a=0\qquad Q=\frac{P\,\mathfrak{Sin}\left(\omega-\frac{2x\omega}{l}\right)}{2\omega\,\mathfrak{Cof}\,\omega}$$

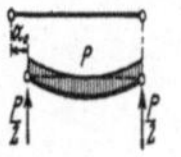

X-Gleichung: $X=0$

$$y=\frac{P}{24\,EJ}\left[\frac{x^4}{(l-\alpha_0)}-2x^3+x(l-\alpha_0)^2\right]$$

$$y_{Mitte}=\frac{5P(l-\alpha_0)^3}{384\,EJ}\qquad M=\frac{P}{2}x-\frac{Px^2}{2(l-\alpha_0)}$$

$$M_a=0\qquad Q=\frac{P}{2}-\frac{Px}{l-\alpha_0}$$

$$\alpha_0=\frac{17\,P^2 l^5}{40320\,E^2 J^2}$$

*) Hier ist α und β absolut genommen.

…a, Träger.

Verlag von Julius Springer in Berlin.

Die Methode der Festpunkte zur Berechnung der statisch unbestimmten Konstruktionen mit zahlreichen Beispielen aus der Praxis insbesondere ausgeführten Eisenbetontragwerken. Von Dr.-Ing. **Ernst Suter.** Mit 591 Figuren im Text und auf 15 Tafeln. 1923. 19 Goldmark; gebunden 21 Goldmark / 4.55 Dollar; gebunden 5.05 Dollar

---

Statik der Vierendeelträger. Von Dr.-Ing. **Karl Kriso.** Mit 185 Textfiguren und 11 Tabellen. 1922. 11 Goldmark; gebunden 13 Goldmark / 2.55 Dollar; gebunden 3.10 Dollar

---

Kompendium der Statik der Baukonstruktionen. Von Privatdozent Dr.-Ing. **J. Pirlet,** Aachen. In zwei Bänden.

Erster Band: **Die statisch bestimmten Systeme.** Vollwandige Systeme und Fachwerke. In Vorbereitung.

Zweiter Band: **Die statisch unbestimmten Systeme.** In vier Teilen.

Zweiter Band, 1. Teil: Die allgemeinen Grundlagen zur Berechnung statisch unbestimmter Systeme. Die Untersuchung elastischer Formänderungen. Die Elastizitätsgleichungen und deren Auflösung. Mit 136 Textfiguren. 1921. 6.50 Goldmark; gebunden 8.50 Goldmark / 1.55 Dollar; geb. 2 Dollar

Zweiter Band, 2. Teil: Berechnung der einfacheren statisch unbestimmten Systeme: Grade Balken mit Endeinspannungen und mehr als zwei Stützen. — Einfache Rahmengebilde. Zweigelenkbogen. — Gewölbe. — Armierte Balken. Mit 298 Textfiguren. 1923. 7.50 Goldmark; gebunden 9 Goldmark / 1.80 Dollar; geb. 2.15 Dollar

Zweiter Band, 3. Teil: Die hochgradig statisch unbestimmten Systeme. Durchlaufende Träger auf starren und elastischen Stützen. Fachwerke mit starren Knotenpunktsverbindungen. — Stockwerkrahmen. — Vierendeelträger und verwandte Rahmengebilde. In Vorbereitung.

Zweiter Band, 4. Teil: Das statisch unbestimmte Fachwerk. Aufgaben des Brücken- und Eisenhochbaues. In Vorbereitung.

Festigkeitseigenschaften und Gefügebilder der Konstruktionsmaterialien. Von Dr.-Ing. **C. Bach** und **R. Baumann,** Professoren an der Technischen Hochschule Stuttgart. Zweite, stark vermehrte Auflage. Mit 936 Figuren. 1921. Geb. 15 Goldmark / Geb. 3.60 Dollar

---

Die Eisenkonstruktionen. Ein Lehrbuch für Schule und Zeichentisch nebst einem Anhang mit Zahlentafeln zum Gebrauch beim Berechnen und Entwerfen eiserner Bauwerke. Von Dipl.-Ing. Prof. **L. Geusen,** Studienrat in Dortmund. Dritte, verbesserte Auflage. Mit 522 Figuren im Text und auf 2 farbigen Tafeln. 1921. Geb. 12 Goldmark / Geb. 2.90 Dollar

---

Taschenbuch für Bauingenieure. Unter Mitwirkung von Fachleuten herausgegeben von Geh. Hofrat Prof. Dr.-Ing. E. h. **M. Foerster,** Dresden. Vierte, verbesserte und erweiterte Auflage. Mit 3193 Textfiguren. In zwei Teilen. 1921. Geb. 24 Goldmark / Geb. 5.75 Dollar